高等学校设计+人工智能（AI for Design）系列教材

# AIGC影视特效

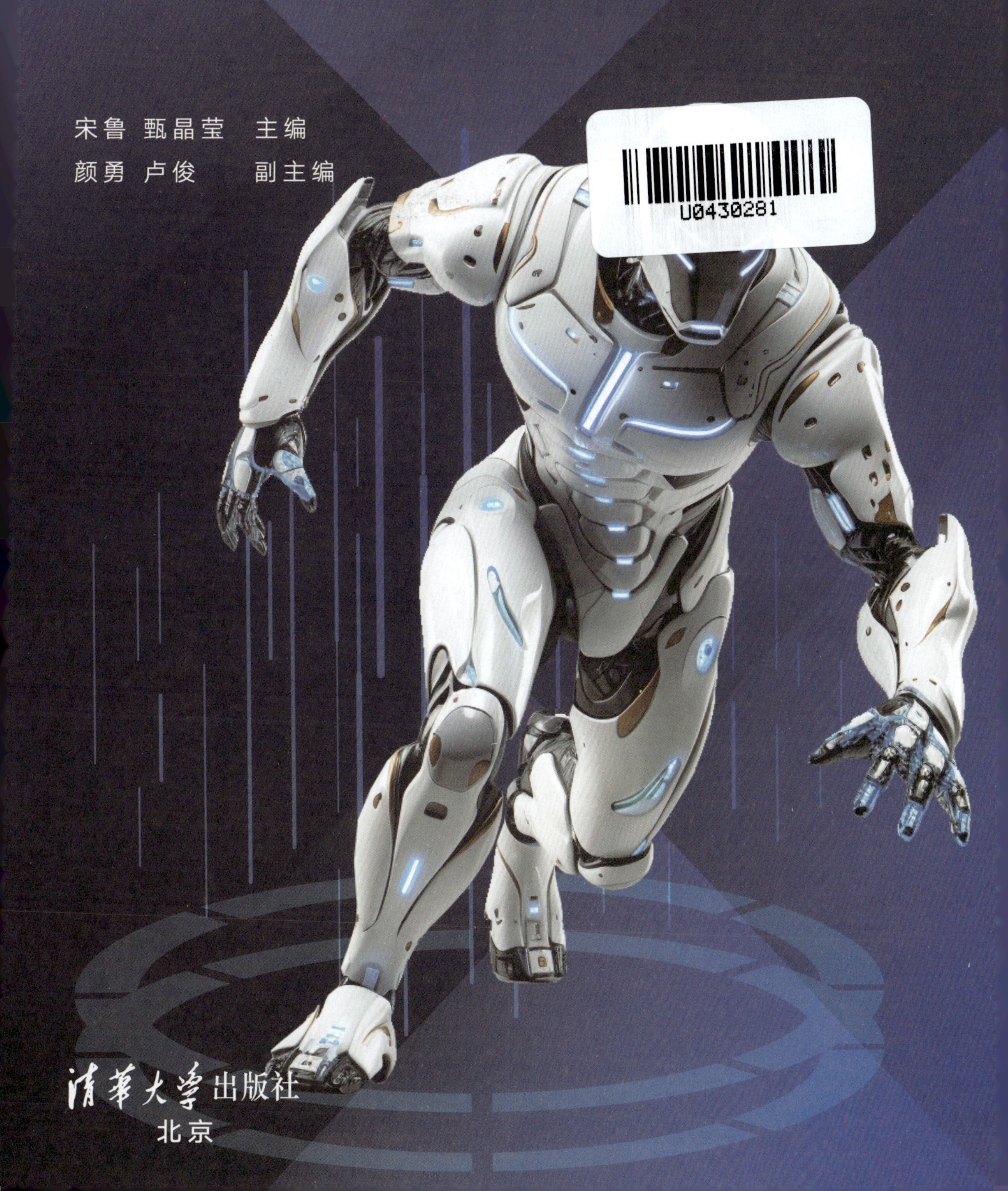



宋鲁 甄晶莹 主编
颜勇 卢俊 副主编

清華大学出版社
北京

## 内 容 简 介

《AIGC 影视特效》以现代科技与创意的结合为依托，从理论与实践双重角度详细解析了影视特效的概念、发展历程及实际应用。本书涵盖了影视特效的基础知识、技术演进，以及最新的 AIGC（人工智能生成内容）技术在影视特效中的应用。本书选取典型案例，通过理论与实践的结合，增强读者对 AIGC 影视特效的理解和掌握。

本书适合作为高等院校、职业院校艺术设计类影视特效课程的专业教材，同时也可为影视特效爱好者和相关行业从业者提供参考。



**图书在版编目（CIP）数据**

AIGC 影视特效 / 宋鲁，甄晶莹主编 . -- 北京：清华大学出版社，2025. 1.
（高等学校设计 + 人工智能（AI for Design）系列教材）. --ISBN 978-7-302-67975-2
Ⅰ. TP391.413
中国国家版本馆 CIP 数据核字第 202564407T 号

**责任编辑：** 田在儒
**封面设计：** 张培源　姜　晓
**责任校对：** 李　梅
**责任印制：** 杨　艳

**出版发行：** 清华大学出版社
**网　　址：** https://www.tup.com.cn，https://www.wqxuetang.com
**地　　址：** 北京清华大学学研大厦 A 座　　**邮　　编：** 100084
**社 总 机：** 010-83470000　　**邮　　购：** 010-62786544
**投稿与读者服务：** 010-62776969, c-service@tup.tsinghua.edu.cn
**质量反馈：** 010-62772015, zhiliang@tup.tsinghua.edu.cn
**课件下载：** https://www.tup.com.cn, 010-83470410
**印 装 者：** 大厂回族自治县彩虹印刷有限公司
**经　　销：** 全国新华书店
**开　　本：** 185mm×260mm　　**印　　张：** 11.75　　**字　　数：** 282 千字
**版　　次：** 2025 年 1 月第 1 版　　**印　　次：** 2025 年 1 月第 1 次印刷
**定　　价：** 79.00 元

产品编号：108269-01

# 丛书编委会

# 本书编委会

**主　　编**

宋　鲁　甄晶莹

**副 主 编**

颜　勇　卢　俊

**编委成员**

赵佳一　朱　姝　刘小滢　刘为瑶　陈欣芮　徐子淇

张常霞　黄利元　李　丹　宋书利　魏　鹏

# 丛书序

生成式人工智能技术的飞速发展，正在深刻地重塑设计产业与设计教育的面貌。2024年（甲辰龙年）初春，由山东工艺美术学院联合全国二十余所高等学府精心打造的“高等学校设计+人工智能（AI for Design）系列教材”应运而生。

本系列教材旨在培养具有创新意识与探索精神的设计人才，推动设计学科的可持续发展。本系列教材由山东工艺美术学院牵头，汇聚了五十余位设计教育一线的专家学者，他们不仅在学术界有着深厚的造诣，而且在实践中也积累了丰富的经验，确保了教材内容的权威性、专业性及前瞻性。

本系列教材涵盖了《人工智能导论》《人工智能设计概论》等通识课教材和《AIGC游戏美宣设计》《AIGC动画角色设计》《AIGC游戏场景设计》《AIGC工艺美术》等多个设计领域的专业课教材，为设计专业学生、教师及对AI在设计领域的应用感兴趣的专业人士，提供全面且深入的学习指导。本系列教材内容不仅聚焦于AI技术如何提升设计效率，更着眼于其如何激发创意潜能，引领设计教育的革命性变革。

当下的设计教育强调数据驱动、跨领域融合、智能化协同及可持续和社会化。本系列教材充分吸纳了这些理念，进一步推进设计思维与人工智能、虚拟现实等技术平台的融合，探索数字化、个性化、定制化的设计实践。

设计学科的发展要积极把握时代机遇并直面挑战，同时聚焦行业需求，探索多学科、多领域的交叉融合。因此，我们持续加大对人工智能与设计学科交叉领域的研究力度，为未来的设计教育提供理论及实践支持。

我们相信，在智能时代设计学科将迎来更加广阔的发展空间，为人类创造更加美好的生活和未来。在这样的时代背景下，人工智能正在重新定义“核心素养”，其中批判性思维水平将成为最重要的核心胜任力。本系列教材强调批判性思维的培养，确保学生不仅掌握生成式AI技术，更要具备运用这些技术进行创新和批判性分析的能力。正因如此，本系列教材将在设计教育中占有重要地位并发挥引领作用。

通过本系列教材的学习和实践，读者将把握时代脉搏，以设计为驱动力，共同迎接充满无限可能的元宇宙。

董占军

2024年3月

# 前言

在全球信息化和智能化飞速发展的今天，影视特效行业正经历着一场深刻的技术革命。随着人工智能生成内容（AIGC）技术的不断进步，特效制作的效率和创意表现力得到了前所未有的提升。AIGC 技术不仅为传统的特效制作流程带来了颠覆性的变化，也为影视特效行业注入了新的活力和无限的可能。

本书基于影视特效行业的现状，全面围绕 AIGC 技术在影视特效中的应用进行了深入讲解。我们结合理论与实际操作，通过案例分析详细解读了如何利用 AIGC 技术高效地进行特效创作。本书出版的目标是帮助读者从基础知识入手，循序渐进地掌握 AIGC 技术在影视特效中的具体应用方法，成为能够灵活运用新技术的影视特效创作者。

全书共分为 9 章，内容涵盖了从影视特效的基础概念到前沿技术的全方位介绍。第 1~3 章介绍了影视特效的基本概念、类型以及技术发展的历程，帮助读者了解影视特效的多样性与应用场景。第 4 和 5 章重点讲述了三维建模、数据处理和模型训练等核心技术，结合具体操作步骤和技术说明，详细展示了如何在创作中应用这些技术。第 6 和 7 章通过实际项目案例分析，展示了 AIGC 技术在三维建模、动画生成以及完整项目创作中的应用效果和潜力。第 8 和 9 章探讨了当前影视特效领域的热点问题、新兴技术以及未来发展方向，帮助读者了解行业的前沿动态。附录部分汇总了案例展示、常用的 AI 工具和技术资料，为读者提供全面的资源支持。

本书不仅适用于高等院校和职业院校的影视特效课程教学（该课程推荐 72 学时，以实际课程安排为准），也为影视特效爱好者和从业者提供了丰富的参考资料。每个章节的内容都结合了实际案例和操作步骤，旨在帮助读者更好地理解和掌握 AIGC 技术的实际应用。同时，我们在每个章节结尾设置了思考题和作业，鼓励读者在学习过程中进行实践和反思，从而提升综合素养和实战能力。

编写本书的过程中，我们力求内容的准确性和实用性，但由于编者水平有限，书中难免存在不足之处。恳请广大读者和专家批评指正，以便我们在未来的版本中不断改进和完善。编者希望为 AIGC 技术在影视特效领域的发展贡献一分力量，并为广大学子的学习和从业提供切实的帮助。

编　者

2024 年 7 月

目 录

教学资源与勘误

第 1 章

# 追根溯源：影视特效的概念与类型

## 1.1　概念

微课视频

影视特效指的是在电影、电视或其他视频内容的制作过程中，利用各种技术手段人工制造的视觉假象和幻觉。其主要目的是通过特殊成像过程（如影像分解与合成），实现那些一次性拍摄难以达到的效果。特效的使用不仅能在很大程度上避免让演员处于危险境地、减少影视内容的制作成本，还能完成无法拍摄的内容，使影片更具震撼力，甚至打造不存在的世界。特效不仅能模仿现实中难以再现的景象，还能创造出现实中不存在的事物，克服传统拍摄手法的限制，为观众带来前所未有的视觉体验。因此，当常规拍摄手段不足以实现创作者的视觉目标时，特效技术便成为关键的解决途径。

影视特效的应用范围非常广泛，能够打造：复杂的打斗、追车、爆炸等动作场景；未来世界、外星环境、魔法效果等科幻与奇幻场景；怪物、外星人、已故演员等不存在的角色；地震、洪水、火山喷发等自然灾害场景；古代战场、历史建筑等历史场景。

思考：影视特效如何突破传统拍摄限制，创造前所未有的视听体验？

## 1.2　主要类型

影视作品的魅力在于它们能够带领观众进入一个充满想象力的世界，而影视特效正是实现这一魔法的关键工具。随着技术的飞速发展，影视特效已经从最初的摄影技巧演变到今天高度依赖计算机技术的数字特效。这些令人惊叹的视觉效果不仅增强了故事的吸引力，也为观众提供了前所未有的观看体验。在这一过程中，影视特效主要分为传统影视特效和数字影视特效两类，它们各自拥有独特的技术特点。

## 1.2.1 传统影视特效

微课视频

### 1. 艺术特效

传统影视特效中的艺术特效（art effects），亦称美术特效或传统绘画特效，依赖艺术家的手工创作和绘画技巧，营造影视作品中的视觉效果。这些技术包括绘景、玻璃绘画和手工分解画面技术。绘景（matte painting）是在画布或背景板上绘制室外风景、城市景观或幻想场景，用于背景或布景，常用于创造电影中的大场景，如宏伟的城市景观或幻想世界（图 1-1）。玻璃绘画（glass painting）是在玻璃板上绘制图案或场景，通过灯光和摄影技巧创造透光和反射效果，常用于制作透视效果或特殊光影效果。手工分解画面技术（painted decomposition）则是通过手工绘制或剪贴将画面分割成多个部分，再通过摄影技巧将它们组合在一起，创造多画面或分屏效果，常用于制作电影中的复杂构图或视觉叙事。尽管这些传统美术特效技术在现代电影制作中已被数字特效技术所取代，但它们曾为电影艺术带来了独特的视觉魅力，曾是电影特效技术发展历程中的重要组成部分。

### 2. 摄影技巧

摄影技巧特效是通过运用各种摄影技术和手法在拍摄过程中直接创造视觉效果，这些特效不需要后期数字处理。例如，停机再拍技术（stop motion）、倒放技术（reverse motion）、时间流逝技术（time lapse）、多次曝光（multiple exposures）、透镜畸变技术（lens distortion techniques）、摄影运动控制技术（camera movement control techniques）以及强制透视（forced perspective）等都属于这一范畴（图 1-2）。随着技术的发展，虽然一些传统摄影技巧特效被数字特效取代，但它们仍然是电影艺术中不可或缺的部分。

图 1-1 绘景

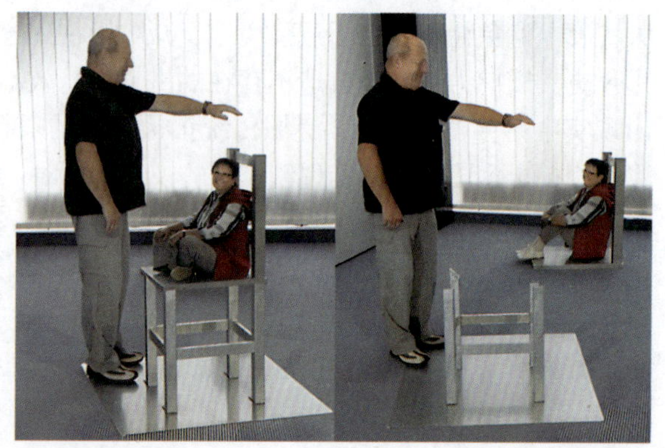
图 1-2 强制透视

### 3. 布景搭建

布景搭建（set construction）指在影视作品拍摄中，由专业工匠和艺术家设计并建造各种场景，包括室内外的建筑、景观及其他必要的结构（图 1-3）。这些布景不仅为演员提供真实的表演环境，还能增强观众的沉浸感，使其仿佛置身于影片或剧目所描述的世界中。布景搭建能够呈现现实中难以找到或实现的环境，如历史背景、未来城市或奇幻世界，显著提升影视作品的视觉效果，给观众带来独特的观影体验。

### 4. 化妆特效

化妆特效（make-up effects）是影视制作中一种“古老”而重要的特效手段，通过运用专业的化妆技术和特殊化妆品、假肢来改变演员的外观，创造出各种逼真的效果，如伤疤、怪物、老化等（图 1-4）。这种特效技术历史悠久，至今仍广泛应用于影视作品创作中，为观众带来震撼的视觉效果。随着科技的不断进步，虽然数字特效在现代影视制作中得到了广泛应用，但化妆特效仍然具有独特的魅力和价值。它能够为观众带来更加真实、自然的视觉体验，并且在某些情况下，化妆特效比数字特效更加经济、高效。

图 1-3　布景搭建

图 1-4　化妆特效（Karen Gillan 在《银河护卫队》中饰演星云）

### 5. 物理特效

物理特效（practical effects）是在影视作品拍摄现场通过实际物理手段实现的特效技术（图 1-5）。这包括烟雾、风、爆破等效果，通过使用烟机、风扇、爆破装置等设备，创造出真实的视听体验。物理特效能够与演员和实际环境互动，尽管数字特效在当今电影制作中占有重要位置，物理特效仍然是许多电影制作的重要组成部分。

图 1-5　物理特效

### 6. 微缩模型

微缩模型（miniatures）是通过精心设计和制作的缩小比例模型来模拟和再现大型场景或物体的一种特效手段（图 1-6）。在成本、时间和资源有限的情况下，它能够创造出与真实世界等比例、逼真且震撼的视觉效果，为观众带来身临其境的观影体验。例如，在历史战争片中的战场、灾难片中的城市废墟、科幻片里的太空飞船等场景中，微缩模型都能够发挥重要作用。此外，实物模型可以与电子机械结合使用，提供更加精确和复杂的运动控制。

图 1-6
微缩模型

### 7. 定格动画

定格动画（stop-motion animation）是一种通过逐帧拍摄对象，并在后期将这些帧串联成连续画面的动画技术（图 1-7）。在每帧中，物体或人物都被微小移动，以创造出流畅的运动效果。这种特效常用于黏土动画、木偶动画和模型动画，具有独特的质感和视觉魅力。定格动画需要耗费大量时间和精力，但其手工制作方式和生动表现力使其在影视特效制作中广受欢迎。

图 1-7
定格动画技术大师雷·哈里豪森（Ray Harryhausen）

### 8. 光学特效

光学特效（optical effects）是通过光学仪器和技术实现的电影特效，利用摄像机、镜头、滤镜和投射等手段在胶片上直接创建视觉效果（图 1-8）。常见的光学特效包括多重曝光、镜头闪光、反射和透镜特效等。这些效果在数字特效普及之前被广泛应用，通过巧妙的光学操作，为影视作品增添神奇和超现实的元素，提升观众的视觉体验。

### 9. 吊威亚

吊威亚（wire-fu）是一种在影视作品拍摄和舞台表演中使用的特效技术。通过绳索、吊具和滑轮系统，可以让演员或物体悬浮、飞行或进行其他超现实的动作（图 1-9）。这种特效常用于实现飞行、跳跃和高难度动作，尤其是在动作片、科幻片和奇幻片中。通过精密的控制和隐蔽的布置，绳索和吊具能够为观众呈现流畅逼真的动态效果，同时确保演员的安全。

图 1-8　光学特效

图 1-9
室外表演中使用吊威亚进行拍摄的场景

## 1.2.2　数字影视特效

微课视频

### 1. 三维建模和材质

三维建模和材质（3D modeling and texturing）是数字影视特效中的基础技术之一，通过计算机软件创建三维物体和场景，并为其添加材质和纹理，以赋予其逼真的外观（图 1-10）。3D 建模定义了物体的形状和结构，而材质则通过模拟表面的颜色、质感、反射和透明度等特性，使模型看起来更加真实。此外，最新的模型重建技术，如激光扫描和照片扫描，能够精确捕捉现实物体的形状和颜色细节，进一步提升模型和材质的逼真度。

图 1-10
三维建模和材质（颜勇作品）

## 2. 动作捕捉与面部捕捉

动作捕捉（motion capture）和面部捕捉（facial capture）是影视制作中非常重要的技术。动作捕捉通过在运动物体的关键部位安装传感器（如机械式、电磁式或光学式）来捕捉其运动轨迹。这些传感器将位置信息提供给动作捕捉系统，系统通过计算机处理生成三维空间坐标数据。这些数据被广泛应用于动画制作、步态分析、生物力学、人机工程等领域。在影视制作中，动作捕捉技术能够精确地捕捉演员的动作，为动画角色赋予逼真的动作表现，极大地提升观众的沉浸感。面部捕捉使用摄像机或传感器来捕捉人脸的动态信息，包括面部运动、表情和肌肉活动。这些数据可以用于计算机图形、虚拟现实或动画中，创建逼真的人脸动画。面部捕捉技术在影视制作中已被广泛应用，帮助制作人员准确捕捉演员的面部表情，从而制作出更加逼真的表情动画。随着影视特效的不断发展，这两种技术也将不断创新和进步，为未来的影视作品和虚拟世界带来更多可能性（图 1-11）。

图 1-11
动作捕捉与面部捕捉

## 3. 数字动画

数字动画（digital animation）是一种通过计算机软件创建动态视觉效果的技术，包括角色动画、环境动画和特效动画。利用数字动画技术，制作者能够精确控制并模拟角色的动作和表情，从而打造出逼真的动作画面（图 1-12）。

### 4. 灯光与渲染

灯光与渲染（lighting and rendering）是影视数字特效中的关键技术。通过计算机软件，能够模拟现实世界中的光照和阴影效果，从而使三维场景和角色看起来更加逼真（图 1-13）。灯光技术用于设置场景中的光源及其属性，模拟自然光、人工光和特殊光效。渲染则是将三维模型、材质和灯光信息转化为二维图像的过程，生成最终的视觉效果。

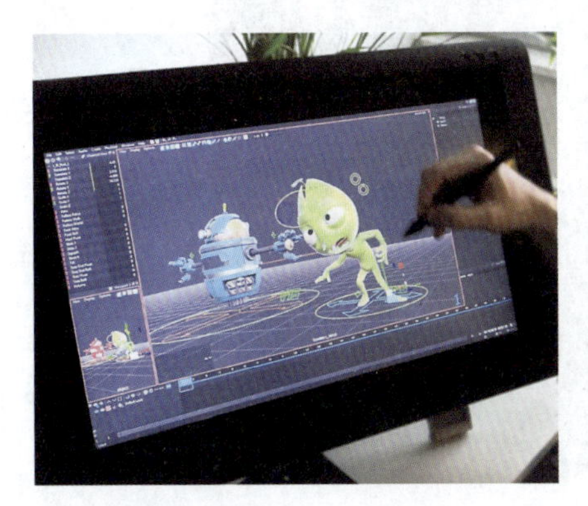

图 1-12　数字动画

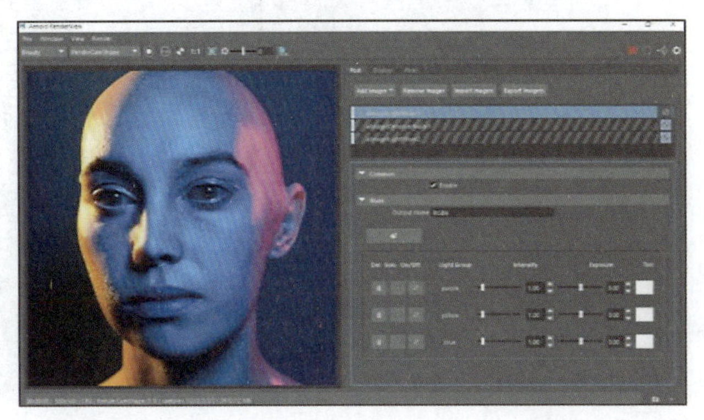

图 1-13　用 Maya Arnold 实现的灯光与渲染

### 5. 粒子特效

粒子特效（particle effects）是通过计算机软件模拟和生成大量微小粒子的运动和行为，用以表现如烟雾、火焰、爆炸、水流和尘埃等现象。通过控制每个粒子的属性（如速度、方向等），能够生成复杂的动态效果。每个粒子都有其独立的运动轨迹和行为，这使得通过大量粒子的集体作用，可以创造出各种复杂的自然现象和魔幻效果（图 1-14）。

图 1-14
粒子特效

### 6. 动态模拟

动态模拟（dynamics simulation）主要用于模拟物体和环境之间的物理交互，包括刚体动力学（如碰撞和反弹）、软体动力学（如变形和弹性）、布料模拟（如衣物和旗帜的飘动）等。通过数学模型和物理定律，能够生成逼真的运动效果，使得虚拟世界中的物体行为更加真实（图 1-15）。

图 1-15
动态模拟

### 7. 虚拟摄影

虚拟摄影（virtual photography）是一种在数字环境中模拟传统摄影过程的技术。创作者可以在三维虚拟空间中自由操控“摄像机”，调整角度、焦距和光线等参数，捕捉复杂或现实中难以实现的镜头。这项技术在现代影视创作中广泛应用，不仅提升了创作自由度和视觉效果，还能降低成本并提高拍摄效率（图 1-16）。

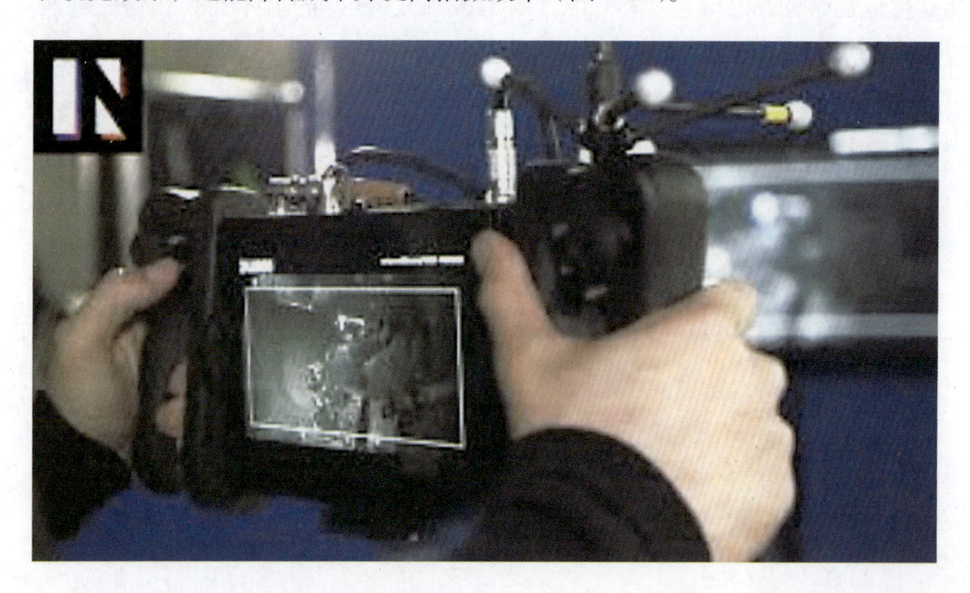

图 1-16
虚拟摄像

### 8. 数字绘景

数字绘景（digital matte painting）是一种利用计算机创建逼真背景和环境的技术，广泛应用于影视制作。艺术家可以在数字平台上绘制和生成复杂的景观、城市、建筑和自然场景，以代替或增强实际拍摄的场景。这项技术不仅能够实现一些在现实中难以或不可能拍摄的背景画面，很多情况下还能大幅降低制作成本（图 1-17）。

图 1-17
数字绘景

### 9. 数字合成

数字合成（digital compositing）是一种将多个数字图像或视频元素结合在一起，创造出单一、无缝画面的技术。这项技术广泛应用于影视特效制作领域，通过将实拍素材、计算机生成图像（CGI）、数字绘景和其他元素进行整合，制作出复杂的视觉效果和场景（图 1-18）。

图 1-18
数字合成

### 10. 数字修复与增强

数字修复与增强（digital restoration and enhancement）是指利用计算机技术和软件工具，对图像、视频、音频等数字内容进行修复、改善和提升质量的过程。修复工作通常涉及去除噪点、修补损坏部分、纠正色彩和亮度不一致等问题（图 1-19）。而增强则通过增加细节、锐度和对比度等手段，提高内容的视听效果。这些技术在影视制作等领域得到了广泛应用，不仅能恢复旧有内容的原貌，还能为其赋予新的生命力。

图 1-19
数字修复与增强

### 11. 人工智能生成内容

人工智能生成内容（artificial intelligence generated content，AIGC）是利用生成式人工智能技术，如生成对抗网络（GAN），自动或半自动生成的文本、图片、音频、视频等内容。AIGC 可以被视为数字特效的一种，因为它主要依赖于计算机和大模型来实现效果。但它也有独特之处。AIGC 的独特之处在于其自动化程度和创造新内容的能力。传统的数字特效往往需要艺术家和技术人员手动创建和调整效果，而生成式人工智能则可以利用算法自动生成新的图像、视频或其他媒体内容。例如，AIGC 可以用于生成复杂的场景、角色、动画和其他视觉元素，甚至可以生成全新的音乐作品。在生成过程中，这些模型会处理大量的数据，并通过不断地迭代和优化，提升生成内容的质量和多样性（图 1-20）。

图 1-20 人工智能生成内容（颜勇作品）

在影视制作中，传统特效和数字特效常常结合使用，以创造出最佳的视听效果。这两种特效各有优势，现代影视作品通常会根据实际需求和创意来选择合适的特效类型。

**思考与练习**

1. 简述传统影视特效与数字影视特效的主要技术差异。

2. 选择一部你熟悉的电影或电视剧，分析其中的特效类型，思考这些特效如何帮助讲述故事或增强视觉体验。

第 2 章

# 数字革新：特效的发展与新纪元

## 2.1 物理模型到数字特效的发展历程

电影物理模型的发展历程不仅标志着电影特效技术的重大进步，而且揭示了整个电影工业如何从初期的基本手法演化到使用高度复杂的技术手段。在这一过程中，物理模型的使用从最初的简单道具和背景制作，逐渐转变为涉及精细的机械装置和详尽的缩小场景，展示了电影从静态艺术向动态视觉体验的转变。

### 2.1.1 物理模型发展

#### 1. 早期实验阶段

在电影史初期，物理模型是创造视觉特效的核心工具，标志着电影物理模型启蒙阶段的开端。20 世纪初，随着电影技术的诞生与进步，物理模型成了制造特效的主要手段。这些模型，如缩小比例的飞机和建筑，使得电影制作人可以用较低成本为观众呈现战争与灾难场景。这些场景的制作依赖于精细的摄影技术与后期处理。乔治・梅里爱（Georges Méliès）是这一时期的代表人物，他的电影《月球旅行记》（*Le voyage dans la lune*）广泛使用物理模型展示了外太空的场景，他通过自制道具和舞台表演来凸显特效。在梅里爱的魔术之手里，观众们第一次看到了由金属制成的奇怪飞行器以及数名群演吊威亚呈现出的太空飞行景象。这些大胆的尝试，成就了现代电影特效的开端，被后人争相模仿致敬。为电影特效技术的发展作出了巨大贡献。物理模型的应用不限于复杂背景或动态场景的创造，还包括精确的缩小版场景，如城市或战场模型，这些模型的制作需要精细的手工艺和高度的艺术感。电影物理模型的启蒙阶段不仅展现了技术的创新和艺术的创意，而且为数字特效的发展奠定了基础，标志着电影从简单的记录工具向综合艺术形式的转变。在 1922 年上映的丹麦无声电影《女巫》（*Hazan*）中，导演本杰明 · 克里斯滕森（Benjamin Christensen）将真实的女巫审判和迫害的历史事件与虚构的场景相结合。这部影片在拍摄时摒弃了早期电影朴实柔和的自然光模式，用大面积阴影和升腾的烟雾营造女巫小屋的神秘氛围、利用强烈的明暗对比突出主体、将奇形怪状的魔鬼剪影叠加在天空上制造出群魔乱舞的惊悚场面。

20 世纪 20 年代，一批根据民间志怪小说、神幻小说、武侠小说改编的影片出现。1926 年邵氏兄弟导演的《义蛇白妖传》、1927 年上海影戏公司摄制的《盘丝洞》、1928 年明星公司摄制的《火烧红莲寺》等，开启了奇幻影片的历史。这些影片中的妖怪形象以真人演绎为常态，多借用模仿戏曲造型，还未涉及写实主义与魔幻主义的造型手段，难以震撼观众的感官，更难以构建起神话文学与虚拟角色的直接关联，从而满足大众的探求欲及观感诉求。

据前辈的回忆及相关著作查证，我国特效化妆大概始于新中国成立前夕的东北电影制片厂训练班。该制片厂先后在新中国成立前后邀请苏联相关专家组建国内电影人才的专业技能培训班，并在长春成立了国内第一家专业特效化装工作室，为影视制片厂服务。那时的特效材料以一次性塑形材料为主，比如乳胶、鼻油灰（塑形油泥）、棉质纤维类塑形材料、桃胶、天然乳胶、共聚物胶等。最初传统的特效化装是指一种影视特殊领域的化装，其脱胎于影视化妆，因此特效化装早期也被称为“塑形化装”。

### 2. 物理特效成长阶段

在 1927 年的科幻巨制《大都会》（*Metropolis*）中，德国导演弗里茨 · 朗（Fritz Lang）利用纸板搭建的建筑模型，配合着逐格摄影录制的灯光，造就了繁华神秘的高楼大厦。使用“双路镜合成法”，影片展现了繁忙拥挤的人群在高空中的立体交通系统里穿行的场景。1933 年上映的《金刚》（*King Kong*）利用了背景放映接景技术，将不同比例的金刚机械模型和真人演员的投影结合在一起，通过巧妙设计使真人表演和机械模型发生了互动，创造出了逼真的巨猿金刚形象，成就了电影史上影响深远的怪兽电影经典。

中国特效电影正式开始制作是 20 世纪 50 年代左右，当时的国有电影公司有专门人员研究电影特效技术。在 1955 年的《天仙配》、1956 年的《沙漠里的战斗》中使用了分色合成的特效手法。在 20 世纪 60 年代初，在《游园惊梦》中使用了国产红外线幕活动遮片合成摄影系统，后续又发展了玻璃珠幕正面放映工艺，变焦距接景节点云台等。

1964 年，斯坦利·库布里克（Stanley Kubrick）特地邀请道格拉斯·特朗勃尔（Douglas Trumbull）和康 · 佩德森（Con Pederson）为特技指导，为了更好地呈现宇宙飞船、空间站和浩瀚宇宙，他们开发了新的摄影技术和特技技术，将电影呈现奇观的能力又向前推进了一步。《2001：太空漫游》给电影工业带来的技术变革包括：用前景放映技术把事先拍好的巨幅照片跟穿着体型服的演员表演合成到一起，展现了数百万年前类人猿生存的世界；将一个直径约 12 英尺（1 英尺 =0.3048 米）的旋转舱模型安装在一个大型轴承上，通过模型和摄影机的运动逼真地再现了宇航员在空间站里的失重状态。为了制造出一个全由计算机控制的世界，剧组采用了背景放映技术，将许多事先画好的投影投到小型幕布上，在计算机尚未普及的年代模拟出了全由计算机控制的高科技空间站内遍布控制面板的效果。当然，影片中最令人目眩神迷的是太空飞船穿越时空隧道的场景。道格拉斯·特朗勃尔为此发明了一个可以使摄影机和被摄体同步运动并自动对焦的螺旋传动装置。摄制组利用这台装置配合着狭缝扫描技术，最终呈现出闪烁着神秘光芒的星系、星云和宇宙尘埃，使观众身临其境地感受到宇宙的壮丽与辽阔。

### 3. 物理特效成熟阶段

电影物理特效的成熟阶段不仅标志着电影技术的显著进步，更象征着电影艺术的深刻转型。在 20 世纪中叶，随着电影产业的快速发展，物理特效技术从早期的简单应用演变成为复杂且成熟的创作工具，极大地推动了电影的视觉和情感表达能力的提升。这一时期的电影制作不再仅仅依赖传统的拍摄手法，而是通过使用物理模型、机械动画以及复杂的场景构建，让每一个画面都生动而引人入胜，从而极大地丰富了电影的表现力和观众的观影体验。螺旋传动装置的发明为 20 世纪 70 年代摄影机自动控制系统的开发打下了良好的基础，使 1977 年的《星球大战》(*Star Wars*) 能够利用运动控制系统 (motion control) 高效率地完成运动镜头的蓝幕合成，展现以飞船驾驶舱为前景、浩瀚星空为背景的激烈空战，为庞大的科幻宇宙建立了真实感。我国 20 世纪 80 年代电影特效技术发展初期，作为实物制作工艺手段的特效技术最主要的功能是辅助镜头还原道具和场景的真实性。在这个阶段，为了更好地提升替代品仿真度，主要运用特殊技巧的拍摄手段和模型装置制作道具模型，如利用接景绘画技术和胶片绘画传统技术制作出《停战之后》中的破败城镇画面，运用多次曝光合成、活动遮片等光学技巧设计拍摄了《天仙配》中腾云驾雾的镜头。这些技术在当时虽然简洁粗略，但仍在一定程度上辅助镜头画面推动了剧情的发展。

物理特效技术在此阶段的应用覆盖了从宏大的战争场面到细致的自然景观，其中包括大规模的爆炸效果、精细模拟的自然灾害以及令人屏息的太空战斗场景。这些场景的实现依赖于精心设计的物理模型和机械装置，它们不仅提高了场景的真实感，也极大地增强了观众的沉浸感和情感参与。例如，《侏罗纪公园》(*Jurassic Park*) 中的机械恐龙模型在技术上实现了重大突破，其逼真的动态效果不仅令电影叙事层次加深，也拉近了观众与电影情节之间的距离，增强了电影的吸引力和影响力。随着立体声和环绕声技术的普及，特效音效也开始在电影中发挥越来越重要的作用。这些先进的声音技术使得观众能够体验到与视觉效果相匹配的全方位声音环境，这种声音的真实性和立体感不仅增强了电影的紧迫感，还提升了观众的代入感。通过听觉和视觉的双重刺激，电影给观众带来的感官体验得到了前所未有的提升，使得观众能够更加深入地感受到电影所传达的情感和氛围。

电影物理特效的成长阶段不仅推动了技术的创新，更深刻影响了电影的叙述方式和观众的观影体验。这一时期的电影工作者通过创新的特效技术，能够创造出更加动人和真实的视觉奇观，从而不断扩展电影艺术的表现力和吸引力。这些技术的广泛应用推动了电影从传统的叙事形式向更加动态和多感官的娱乐体验的转变，使电影不仅仅是视觉的展示，更成为一种可以触动人心的艺术形式。总之，电影物理特效的成长阶段是电影艺术发展历程中的一个重要阶段，它不仅定义了新的视觉语言，也重新定义了观众对电影的期待和体验，极大地推动了电影艺术的多元化和深化。

## 2.1.2　数字技术发展

20 世纪 80 年代以后，计算机生成图像（computer generated imagery，CGI）、数字合成技术、动作捕捉技术、虚拟制作技术等数字技术逐步进入电影工业。通过数字技术，电影制作者能够创建完全数字化的环境、角色和特效，将实拍素材与数字生成的虚拟素材完美结合，从而将各种想象转化为银幕上的影像奇观，为观众带来前所未有的视觉冲击和观影体验。

### 1. 数字编辑和后期制作的早期探索

这一时期的电影产业中具有革命性的意义，标志着电影制作从传统的物理特效向数字化转型的关键转折点。随着 20 世纪 70 年代末至 80 年代初计算机技术的迅猛发展和普及，电影行业开始尝试将这些技术应用于后期制作过程中。这一时期，计算机辅助的编辑工具和视觉效果软件的兴起，为电影特效的数字化时代揭开了序幕。特别是乔治·卢卡斯（George Lucas）的工业光魔（Industrial Light & Magic, ILM）公司在这方面发挥了领导作用，利用先进的计算机生成图像技术为《星球大战》系列电影创造突破性视觉效果，不仅设定了新的电影特效标准，还展示了数字技术在电影制作中的巨大潜力。1989 年，詹姆斯·卡梅隆（James cameron）执导的《深渊》（*The Abyss*）上映。影片中出现了完全由 CGI 生成的海水人形象。它不仅再现了半透明的海水质感，而且跟周围环境结合得天衣无缝，预示着电影的奇观呈现出现了新的可能性。1991 年，工业光魔为《终结者 2》（*Terminator 2: Judgment Day*）生成了液态金属机器人 T1000。由 CGI 和变体技术共同造就的 T1000 展现出了不可思议的变形能力。闪亮的液态金属映衬着火光在地上游走、聚集、逐渐变成一个面色苍白、表情冷漠的年轻警察形象。

这些技术的引入促进了后期制作工作流的标准化和自动化，显著提高了制作效率和效果精细度，使制作团队能够进行更复杂的图像合成和色彩校正，从而大幅提升了视觉叙事的质量和表达的灵活性。随着这些技术的不断进步和成熟，数字后期制作已成为当代电影制作不可或缺的部分，极大地推动了全球电影产业的创新发展，使电影艺术的表现手法和观众的观影体验都得到了革命性的提升。

### 2. 数字捕捉和动画技术的发展

随着 20 世纪 90 年代初期计算机图形技术的显著进步，电影制作中开始出现更为复杂的数字动画和特效，这一趋势彻底改变了观众对电影视觉体验的期待和电影制作人对可能实现的场景的想象。在这个时期，电影界见证了一系列技术突破，尤其是在视觉效果的真实性和细节处理上取得了前所未有的成就。其中，《侏罗纪公园》（1993）和《终结者 2：审判日》两部影片尤为突出，它们不仅在商业上取得巨大成功，更在技术上设置了新的里程碑。

《侏罗纪公园》由史蒂文·斯皮尔伯格（Steven Allan Spielberg）执导，该片通过使用先进的计算机生成图像技术，创造了一系列逼真的恐龙模型。这些恐龙不仅外观逼真，动作流畅自然，还能与人类演员完美互动，为观众提供了前所未有的沉浸式观影体验。这种技术的应用标志着电影特效制作从依赖模型和机械装置向全面数字化的重大转变。同时，《终结者 2：审判日》在导演詹姆斯·卡梅隆的指导下，运用了当时尖端的 CGI 技术，尤其是在创造液态金属机器人这一角色时展示了无与伦比的创新。这种角色的视觉效果不仅展示了技术的先进性，也极大地推动了叙事技巧的发展，使得影片的情节更加引人入胜。

这些技术的应用不仅极大地推动了特效制作技术的发展，也为电影艺术的表现手法带来了新的可能性。电影制作人现在能够创造出之前无法想象的场景和角色，极大地扩展了电影的叙事空间和艺术表达的边界。随着 CGI 技术的普及和成熟，电影行业逐渐进入一个新的时代。在这个时代中，数字技术不仅用于创造单纯的视觉冲击，更能深入地参与到电影的情感叙事和主题探索中，成为现代电影不可或缺的组成部分。

### 3. 全数字拍摄和投影的兴起

全数字拍摄技术，即使用数字摄影机直接捕捉图像，而不再依赖传统的胶片。这一技术的优势在于能即时查看拍摄效果，大大减少了制作周期，并降低了成本，因为它消除了传统胶片的发展、冲洗等烦琐过程。全数字拍摄和投影的兴起标志着电影制作和放映领域的一次重大技术变革，它不仅优化了电影的生产流程，而且极大地提高了放映质量，为电影艺术的发展带来了新的机遇。这种变革从 20 世纪 90 年代末期开始逐步推进，并在 21 世纪初得到广泛应用，彻底改变了电影从拍摄到观赏的整个链条。2001 年，彼得·杰克逊（Peter Jackson）执导的奇幻史诗巨作《指环王：护戒使者》（*The Lord of the Rings: The Fellowship of the Ring*）上映，通过数字技术和传统特效技术相结合，展现了恢宏壮美的中土世界。动作捕捉技术和 CGI 的结合将影片中的灵魂角色“咕噜姆”（Gollum）表现得栩栩如生；群组动画算法（massive）创造出了庞大的军队和惊心动魄的战斗画面；数字合成技术将美术部门精心雕刻的模型变成了影片中如诗如画的瑞文戴尔、幽深神秘的罗斯洛里安和威严耸立的亚格纳斯巨像。可以说，《指环王》系列电影展示了当时电影制作中最顶尖的技术水平，以令人叹为观止的视觉奇观成为电影史上的里程碑之作。

到了 20 世纪 90 年代，我国开始引入好莱坞数字技术、计算机技术等，对于电影发展影响重大，《英雄》《集结号》《唐山大地震》等票房大片普遍采用先进的计算机特效技术。再如《大进军》《横空出世》等影片中，利用数字化技术较为完整地修复还原了上海老城区以及伤痕累累的废墟场景。《惊涛骇浪》的制作人员研发出融合道具模型素材的特殊三维数字制作方法，这样不仅极大地还原了洪水、泥石流场景的真实性，更是在电影画面的视觉艺术享受上取得了突破。90 年代中后期，镜头拍摄逐渐与计算机虚构制作完美契合，出了国内首部全特效影片——《紧急迫降》。其计算机特效镜头达 60% 以上，弥补了许多镜头拍摄难以实现的遗憾。

数字摄影机还能在低光条件下表现出更好的图像质量，提供更广的动态范围和深度，使得电影制作者能够在更加多样化的环境和条件下进行拍摄，增强了艺术表现的灵活性。与全数字拍摄同步发展的是数字投影技术。传统的胶片放映需要通过物理胶片，而数字投影则是将数字文件直接投影到银幕上。这种技术的普及不仅提高了图像的清晰度和稳定性，还允许更加复杂的后期处理和特效的加入，为观众提供了更加震撼的视觉体验。2009 年，《阿凡达》（*Avatar*）在全球范围内上映，其立体效果让观众可以直接感受到空间深度和立体感，带给观众前所未有的沉浸感和视觉体验。数字投影技术还支持 3D 影片的放映，进一步扩展了电影的观影维度，增加了电影的吸引力和互动性。全数字拍摄和投影的发展推动了电影技术的现代化，不仅使电影制作和放映过程更加高效和成本效益化，而且为电影的艺术表达提供了更广阔的平台。这些技术的革新为全球电影产业的发展开辟了新的道路，使电影作为一种文化和艺术形式得以继续其创新和演变的旅程。

## 2.1.3　AIGC 的发展

微课视频

### 1. AIGC 与影视剪辑

AI 编辑技术可以执行自动图像质量恢复、敏感人物识别、基于主题的自动追踪编辑、视觉效果和自动美化等功能。它基于视频中的图像和声音等多模态信息分析特征，根据语义约束进行检测，并编辑合成符合标准的片段。2016 年，IBM 的人工智能系统“沃森”通过深入分析超过 100 部恐怖电影，并利用机器视觉技术模拟场景情绪，协助电影《摩根》（*Morgan*）的制作团队。该 AI 系统帮助人类工作人员组织、筛选和排列《摩根》的视频材料，并在短短一天内完成了预告片的编辑。这一开创性的做法不仅缩短了生产周期，还增强了编辑效果。在这个过程中，人类主要承担了创意概念化的角色。此案例为学术研究 AI 编辑技术提供了宝贵的实践经验和数据支持。新华社与新华智云联合研发的“媒体大脑”平台以及中央广播电视总台在冬奥会期间实施的 AI 智能自动化生产剪辑系统，均是人工智能剪辑技术在现实应用中的杰出范例。这些系统凭借先进的 AIGC 技术，实现了视频素材的高效自动化剪辑与内容的精准智能化提取，显著提升了内容生产的效率与质量。

### 2. AIGC 与影视内容生成

人工智能现已能根据文本内容创造出逼真的特效和动画，显著提升视频的视觉冲击力。2022 年，Meta 公司推出了名为 Make-A-Video 的文本生成模型，该模型实现了通过文本直接生成视频的功能，包括将两张静态图像转换成视频，或者根据两张图片生成一段连续视频，以及基于一段原视频生成全新视频；同时，谷歌公司推出了名为 Phenaki 的 AI 模型，该模型能够仅凭一段剧本提示词生成一段长达两分钟并且富有故事性的视频内容。此外，百度公司自 2019 年便开始积累 AI 预训练模型技术，并将其应用于智能视频合成平台 VidPress，实现了从文字到视频的自动转换，该过程涵盖文字分析与摘要、媒体素材收集、素材智能化处理、音视频对齐以及视频剪辑五个自动化步骤。

2022 年，新华社与文心一格合作，共同创作了描绘“天宫盛宴”的 AIGC 视频。这部视频利用全 AI 生成的画面，以东方意象的恢宏绚丽画作展示了中国近 30 年的载人航天发展历程，不仅为观众提供了一场视觉盛宴，也体现了 AI 在视频创作领域的巨大潜力。2024 年，OpenAI 公司推出了一款名为 Sora 的前沿人工智能模型，该模型在视频生成领域取得了显著的突破。Sora 基于先进的扩散模型技术，不仅继承了 DALL·E3 的出色画质和指令遵循能力，还在视频生成方面展现了独特的优势。2024 年 1 月，由 AI 生成的预告片《山海奇镜》推出，制作团队以中国古代神话《山海经》为灵感来源，创作出大量精美的古代精怪形象。预告片推出之后在短短四天内就获得了超过 40 万的播放量。2024 年 2 月，创作者祝上的 AIGC 短片《万里星河千帐灯》（*Nostalgic Astronaut*）获得了 MIT 年度人工智能电影制作黑客松最佳影片奖。短片呈现了壮丽的宇宙图景。

Sora 的核心技术使其能够根据文本描述生成长达 60 秒的视频内容。凭借精准的文本解析和视频生成算法，Sora 能深入理解创作者的意图，并将其转化为生动的视觉表现。在视频生成过程中，Sora 展现了强大的场景构建能力，能够根据文本提示创造包含多个角色、特定动作及丰富背景细节的场景。这种能力使 Sora 能够精确捕捉并还原创作者的想象，为观众带来极为真实和生动的视觉体验。

思考：传统影视特效与数字特效，哪种更能激发观众的想象力？

## 2.2 AIGC 技术在数字特效制作中的作用

在电影及其相关产业中，AIGC 已经开始发挥重要作用。大量的游戏公司以图像生成平台 Midjourney 作为原画产出工具，菲律宾 28 Squared 和 Moon Ventures 工作室运用 ChatGPT 辅助剧本创作，7 天内创作了时长 6 分 38 秒的短片《安全地带》；而 Blender、Maya 等三维软件也集成了相关 AIGC 模型，辅助建模师的日常工作，提高 3D 动画生成流水线的效率。

### 2.2.1 提高数字特效制作效率

在 2024 年，一款名为 Sora 的人工智能视频生成模型引起了广泛关注，该模型在 AIGC 视频生成的长度、稳定性、分辨率和文字理解等多个方面取得了显著进展，重新定义了 AI 视频生成的技术极限。根据官方技术报告，Sora 的视频生成过程分为三个主要步骤：视频编码、加噪降噪、视频解码。与其他视频生成模型相比，Sora 创新性地采用了时空 patches 以及视频压缩网络，这不仅显著提升了计算效率，也优化了原生视频信息的处理。此外，Sora 还采用了具有更强可扩展性的 transformer 架构，有效保障了视频生成的高质量。Sora 的研发团队预测，未来三到五年内，利用 AIGC 技术仅凭借文本提示词即可生成好莱坞级别的电影。这种技术进步无疑将对电影行业的传统工作模式产生深远的影响，可能会彻底颠覆传统的电影生产模式，重构电影产业的上下游链条。例如，在电影行业中，内容制作与 AI 技术的结合已广泛应用并日益成熟。特别是在虚拟拍摄领域——通过数字孪生技术创建完全数字化的虚拟场景，这种方法使得电影拍摄不再受天气、场景转换及环境等外部因素的限制，从而实现降低成本和提高效率的目的。这些技术的应用不仅推动了电影制作的创新，也在文化生产的方式上带来了根本性变革。

在电影制作过程中，数字特效的制作往往是工程量最大的部分，通常需要数百甚至数千位特效制作师共同完成一部电影。与传统的数字软件制作相比，AIGC 技术可以更高效、更具成本效益地生成复杂且逼真的特效，且几乎无须人工干预。例如，在 Wonder Studio 视频特效处理平台上，用户仅需上传数字角色模型及相应的运动视频，平台即可利用 AIGC 自动捕捉演员的行为，进行视频合成与高级重定向。

电影的虚拟拍摄技术大致经历了三个阶段：首先是在《阿凡达》这样的早期作品中，它规模化地运用虚拟拍摄技术，成为行业的里程碑；随后，随着绿幕、投影和 LED 显示技术的更迭，虚拟拍摄在游戏引擎和 CG 特效的加持下进入了所谓的 LED 2.0 时代；当前，随着虚拟拍摄基础设施的快速发展，虚拟制作已从绿幕抠像、投影 LED 进入数字合成时代，迎来了提质增效、降本的新契机。京剧电影《安国夫人》是国内首次全程采用数字虚拟拍摄技术完成的电影，这是中国电影跨媒介改编技术赋能的一个重要尝试。虚拟动作捕捉的实时交互让真人演员置身于虚拟场景中，与角色和道具共同完成现场互动，用真实镜头实时呈现难以实现的场景。该影片所依赖的“中影·幻境”虚拟拍摄系统是国内自主研发的，集成了数字虚拟资产、LED 显示、动作捕捉、空间定位、实时渲染等多项电影技术，代表了拥有独立知识产权的重要突破。这项新技术的革新极大地提高了电影创作的效率，全数字化的虚拟拍摄免去了多场景搭建的时间和成本。《安国夫人》在 15 天内完成了 21 个场景的拍摄，将整体的拍摄周期缩短了 2/3。

## 2.2.2　自动化生成特效

AIGC 技术在数字特效制作领域扮演着日益重要的角色，通过将先进的人工智能算法与内容创作相结合，极大地提升了制作效率和创作自由度。在数字特效制作中，AIGC 技术不仅能够自动生成高质量的视觉效果，还可以根据创作者的需求定制化地修改和优化这些效果，从而满足电影、视频游戏及其他媒体形式的具体视觉要求。

AIGC 技术在自动产生复杂的视觉特效方面具有显著的优势，这些特效包括火、烟、水和各种天气现象等。在传统的视觉特效制作中，这类效果通常需要由具有丰富经验的专业技术人员通过复杂的程序和算法手动创建，这一过程不仅技术要求高，而且耗时长，成本也相对较高。AIGC 技术通过使用先进的算法模拟自然界和物理现象，能够迅速且自动地生成这些复杂的效果。例如，在制作一个火焰效果时，AI 可以分析火焰的动态特性，如其形态、颜色变化和烟雾扩散等，然后根据这些数据生成视觉上令人信服的火焰动画。同样地，对于水和烟雾效果，AI 技术可以模拟流体动力学和气体动力学的相关物理特性，从而产生逼真的水流、波纹以及烟雾蔓延的效果。AIGC 还能处理复杂的天气系统模拟，如暴风雨、雪、云层移动等，这些效果在电影或电视剧中用以增强氛围或强化情节发展，传统方法中可能需要依靠昂贵的场景设备和后期制作。AI 的介入不仅可以显著降低这些制作的成本和时间，而且可以通过不断地学习和适应，提高特效的自然度和逼真性。

AIGC 技术的应用极大地改变了视觉特效产业，使得制作过程更为高效、成本更低，同时也推动了创意表达的多样性和创新性。这标志着视觉特效制作正逐渐从传统手工艺向更加智能化、自动化的方向发展。

## 2.2.3　角色动画与视觉表现

微课视频

AIGC 在角色动画与视觉表现领域提供了创新的解决方案和技术，极大地改变了动画制作和电影特效的传统流程。通过利用机器学习和深度学习模型，AIGC 可以自动化许多复杂的创作步骤，提升效率，并创造更加丰富和动态的视觉效果。

### 1. 角色动画

在动画制作领域，AIGC 技术的应用正在引领一场制作革命，通过高级算法有效模拟人类及非人类角色的动作和表情，实现了动画序列的自动化生成，从而无须动画师进行烦琐的手工逐帧制作。AIGC 技术通过深度学习模型，从大量的训练数据中学习特定的动作模式，从而能够自动生成包括行走、跳跃以及复杂的社交互动在内的动画。这种技术尤其适合于生产背景角色动作或执行重复动作，显著减轻了主要动画师的工作负担。

AIGC 技术在提升角色情感表达的自然度和精确度方面也表现出色。它能够细致分析角色在不同情境下的情感需求，并据此调整角色的面部表情和身体语言，使之更加细腻、丰富且情境恰当。通过这种方式，AIGC 不仅提高了动画制作的效率，而且增强了动画角色的表现力和观众的情感共鸣，为动画制作带来了质的飞跃。这种技术的推广应用预示着未来动画制作中人工智能的关键角色，将动画艺术推向新的高度。

#### 2. 视觉表现

AIGC 技术的应用能够极大地提升图像和视频的质量，并能够生成高度逼真的虚拟环境及特效。特别是在环境渲染方面，AIGC 技术利用复杂的算法自动渲染多样化的环境，包括但不限于自然景观和城市景观，从而避免手动构建每个细节的需求。这一技术能够快速地调整和模拟不同的气象和光照条件，通过增强环境的动态和多样性，显著提高了场景的真实感和视觉冲击力。此外，AIGC 的这种能力不仅减少了传统视觉效果制作中的时间和劳动成本，而且提高了场景设计的灵活性和创造性，使得视觉艺术家可以更自由地探索和实验各种视觉表达方式。通过这种先进的渲染技术，AIGC 为电影制作、视频游戏开发及其他视觉艺术领域带来了革命性的变革，推动了视觉创意的边界向更广阔的领域扩展。

思考：AIGC 技术如何扩展数字特效制作的创新边界？

## 2.3 AIGC 技术演变对特效行业的影响

### 2.3.1 提升生产自动化与工作效率

AIGC 技术的应用已经显著推动了特效制作流程的自动化，极大地提升了整体的生产效率。具体而言，通过利用先进的人工智能算法，AIGC 系统能够自动并迅速生成复杂的视觉效果，如火焰、烟雾、流水及多变的气象条件。这些算法通过模拟自然界的物理和化学过程，实现了高度逼真的视觉输出，同时减少了对专业特效师手动介入的依赖，从而显著降低了人力资源的需求。此外，AIGC 技术的应用不仅加速了特效的生产周期，使项目的执行时间表更加紧凑，还通过减少重复性和劳动密集型任务，有效降低了生产成本。这种自动化程度的提高不仅优化了资源配置，还提升了项目管理的灵活性和响应速度，为电影制作、广告制作和视频游戏开发等行业提供了显著的经济效益。因此，AIGC 技术在提升特效制作的自动化和效率方面展示了巨大的潜力和实际应用价值，正在逐步重塑视觉特效行业的未来。

### 2.3.2 提高创意表现与灵活度

AIGC 技术通过其高度直观的用户界面显著提高了创意专业人员在视觉效果制作中的创作自由度和灵活性。这种技术允许艺术家和设计师通过简化的操作界面进行直观的创作实践，而无须对复杂的技术细节有深入的了解。通过 AIGC 工具，创意人员可以轻松地检测和修改视觉效果，快速应用和评估不同的设计选择，从而大大加速创作过程并提高其效率。此外，这种技术的易于访问和操作的特性极大地拓宽了创意的可能性，使艺术家能够将更多的精力集中于艺术创造的本质，而非被烦琐的技术执行所束缚。因此，AIGC 不仅优化了创意流程，而且通过将创意人员从技术细节中解脱，促进了艺术与技术的和谐融合，推动了创意表达的多样化和个性化发展。这种技术的普及和应用预示着一个更加自由和创新的艺术创作时代的到来，为各类视觉艺术作品带来了前所未有的创新潜力和表现力。

### 2.3.3　提升特效的逼真性和复杂度

微课视频

特效制作不局限于基础视觉元素的生成，而是扩展到了能够实现复杂交互和高度响应性的动态效果。现代 AI 模型通过深度学习技术，能够在大量数据的基础上学习并模拟真实世界的物理规律和动态行为，从而生成更加细致和逼真的视觉效果。这些高级特效能够在微观层面上重现物体的物理属性，如光线折射、阴影、质感等，以及更宏观的环境动态，例如天气变化、流体动力学和复杂的机械互动。

这种高度逼真的视觉表现对于提升电影、电视、视频游戏以及虚拟现实等多种媒体产品的质量和观众体验具有决定性的作用。例如，在电影制作中，逼真的特效可以增强叙事的沉浸感，使观众感受到更加丰富和真实的视觉体验；在视频游戏中，精细的视觉效果和响应性交互能够提高游戏的可玩性和吸引力。此外，这些技术的应用也推动了创意表达的边界，使得艺术家和设计师能够探索和实现先前技术所限制的创意概念。因此，AIGC 技术在提升特效的逼真度和复杂度方面不仅展示了其在技术领域的先进性，也为媒体产业的艺术和商业实践开辟了新的可能性，促进了整个视觉特效行业的创新和发展。

## 小结

AIGC 技术的演进不仅在技术层面带来了革命性的变化，更在文化和艺术层面推动了深刻的转型。通过自动化生成和优化视觉特效，提升特效的逼真度与复杂性，AIGC 技术不仅在很大程度上将艺术创作者从繁重的技术操作中解放，也为他们提供了更广阔的创意空间和实验可能性。这一变革不仅提高了制作效率，降低了成本，更重要的是，它允许创作者在叙事和视觉艺术表达上追求更高的艺术理想，无论是在电影、电视、视频游戏还是其他数字媒体形式中。AIGC 技术通过提供先进的模拟和渲染工具，使得复杂的环境和动态效果可以以前所未有的精度和细腻度被创造出来，从而极大地丰富了视觉媒体的表现力和观众的沉浸体验。这种技术的应用标志着一个新时代的开启，开启了一个技术与艺术的界限被重新定义、创意与实现的路径更加直接和无阻的时代。

**思考与练习**

1. AIGC 技术如何推动影视特效行业在创作效率、成本控制及艺术表现上的革新？

2. 随着 AIGC 技术在影视剪辑和内容生成领域的快速发展，如何平衡人工创意与 AI 自动化处理之间的关系，以确保影视作品既能保持高度的艺术性和原创性，又能充分利用 AI 技术提升生产效率和视觉效果？

第3章

# 银幕奇观：电影特效的技术演进

## 3.1 早期实验与摄影技巧

电影特效的萌芽可追溯至19世纪90年代，当时的电影制作人通过各种摄影技巧，如停机再拍和倒拍，开创性地探索并发展了特效镜头的潜力，为电影艺术开辟了新的视野。

### 3.1.1 特效的萌芽与早期实验

特效的萌芽与早期实验出现在19世纪90年代，《苏格兰女王玛丽的行刑》《消失的女士》等电影，通过摄影和剪辑技术进行了特效的最初尝试。

#### 1.《苏格兰女王玛丽的行刑》

1895年美国的默片电影《苏格兰女王玛丽的行刑》(*The Execution of Mary Stuart*)是世界上首部包含特效场景的电影（图3-1）。该片首次运用了拍摄过程中的特殊效果，展现了由罗伯特·托马斯（Robert Thomae）饰演的苏格兰女王玛丽在断头台上被斩首的一幕。这一效果是通过使用假人和巧妙的替代拍摄或停机再拍技巧实现的。在这个短暂的片段中，玛丽跪下，将头放在断头台上，刽子手举起一把大斧头。斧头砍下，玛丽的头从断头台上滚落至左侧，最后，刽子手拾起滚落的头颅并将其高举，呈现了这一惊悚的视觉效果。这一最早的特效最初被称为“镜头技巧（Shot Trick）”，但很快就被人们所熟知，并被称为“替代拼接（Substitution Splice）”。通过在两个不同的镜头之间进行拼接，从而在视觉上创造出物体或角色突然改变或消失的效果。这种技术在早期的电影特效中非常流行，尤其是在无声电影时代。

图 3-1
《苏格兰女王玛丽的行刑》剧照

### 2.《消失的女士》

被称为“电影特效之父”的法国电影制作人乔治·梅里爱在拍摄过程中，由于他的第一部初级摄像机出现故障，意外发现了停机再拍特效技术。在修复故障并恢复拍摄后，他意识到自己无意中发现了一个巧妙的摄影技巧，能够使物体位置发生变化，例如一个男人变成了一个女人，一辆公交车变成了一辆灵车。梅里爱首次有意识地使用这种不连续技术是在他 1896 年的短片《消失的女士》（*The Vanishing Lady*）中，创造了一个简单的幻觉或魔术表演，使舞台上的女士消失（图 3-2）。在这部影片中，梅里爱本人扮演的魔术师将一位女士带到舞台上，让她坐在椅子上，并用一张大桌布盖住她。然后，当他掀开桌布时，摄像机实际上已经停止了，随后再次启动拍摄，使得女士在此期间从舞台上“消失”。之后，通过第二次跳跃剪辑，他让一具骷髅在椅子上出现。他用桌布盖住骷髅，并通过第三次跳跃剪辑，让女士重新出现。

图 3-2
《消失的女士》剧照

### 3.《天文学家之梦》

乔治·梅里爱在 1898 年制作的 3 分钟科幻电影《天文学家之梦》(*The Astronomer's Dream*)讲述了一位中世纪天文学家的梦境，其中包含月球、仙女女王、守护天使和魔鬼等角色(图 3-3)。尽管影片采用了单一视角拍摄,但梅里爱通过多次使用停机替换技术(即"特效摄影")，实现了物体消失（或重新出现）和移动的视觉效果。在影片的一个场景中，月亮降落至天文学家的工作场所，并将他与望远镜一起吞没。这部作品是梅里爱 1902 年的电影《月球旅行记》的雏形。

### 4.《圣诞老人》

英国电影先驱乔治·阿尔伯特·史密斯(George Albert Smith)在 1898 年制作了一部一分钟的单场景短片《圣诞老人》(*Santa Claus*)(图 3-4)，讲述了一个简单的故事：两个孩子被保姆安置上床睡觉后，梦见一位身穿长袍的圣诞老人通过烟囱进入他们的房间送礼物。电影运用了停机再拍和跳跃剪辑技巧，在黑色帷幕上设置了一个场景，投影出孩子们的梦境，并叠加了多重曝光效果。此外，摄像机镜头的光圈遮罩技术被用来呈现一个小的圆形画面，展示了一个场景中的场景，即屋顶上的圣诞老人和进入烟囱的情景。电影中的平行动作没有使用交叉剪辑，同时展现了孩子们在床上和圣诞老人在屋顶上的情景。通过第二次跳跃剪辑，使圣诞老人在房间中消失了。

图 3-3 《天文学家之梦》剧照

图 3-4 《圣诞老人》剧照

## 3.1.2 摄影技巧与光学特效的初步应用

在前一阶段的基础上，20 世纪初至 20 世纪 20 年代，电影艺术家们对特效技术进行了细化与改进，进一步研发出多重曝光、手绘胶片、模型与微缩景观制作、反向摄影、镜头重叠以及定格动画等更复杂的传统特效技术。这些技术逐渐形成了一个较为完整的体系，极大地拓展了电影叙事的视觉边界，增强了电影的表现力。

微课视频

### 1.《奇幻的图画》

1900 年，美国先驱动画师和电影制作人詹姆斯·斯图尔特·布莱克顿(J.Stuart Blackton)创作了《奇幻的图画》(*The Enchanted Drawing*)(图 3-5)。这部短片展示了绘制的人物和一些物体，运用了定格动画技术，通过逐帧拍摄，实现了绘制图像与实物之间的平滑转换。作为动画电影历史上的重要里程碑，该片融合了定格动画与实景拍摄的效果。影片呈现了布莱克顿在大型立式画架上绘制一个圆脸的老男人卡通形象。他在画面右上角快速勾勒出一瓶酒和一个玻璃杯，随后将这些绘制的物体从纸上取下，仿佛它们是真实存在的物品，并给自己倒了一杯酒。布莱克顿还将酒瓶的瓶口对准卡通男人的嘴，使其笑容满面，仿佛在喝酒。接着，他绘制了男人的帽子，并伸手进入画面取走帽子，戴在自己的头上。他还拿走了男人的雪茄，引发卡通男人皱眉。在短片结束时，布莱克顿将所有元素恢复到画面中。

### 2.《祖母的放大镜》

1900 年，乔治·阿尔伯特·史密斯（George Albert Smith）制作了两分钟的短片《祖母的放大镜》（*Grandma's Reading Glass*）（图 3-6）。这部影片以其巧妙的镜头运用和视觉效果而著名，是早期电影技术发展中的重要作品。史密斯在叙事框架内使用了一系列特写镜头，充分利用了摄像机的放大功能，首次使用了 POV（主观视角）特写插入镜头。影片的情节围绕一个小男孩通过祖母的巨大放大镜观察各种物体展开。这些物体包括一篇报纸文章、一块怀表的内部构造、笼子里的鸟、祖母的眼球（极端特写）和宠物猫等。每次他使用放大镜观察一个物体时，电影都会切换到一个特写镜头，以显示通过放大镜看到的细节。这种特写镜头的切换在当时非常具有创新性，因为它展示了不同视角和焦点的效果，使观众能够看到放大后的细节。

图 3-5　《奇幻的图画》制作过程

图 3-6　《祖母的放大镜》制作过程

### 3.《火车相撞》

1900 年，导演沃特·R. 布斯（Walter R. Booth）和制片人罗伯特·W. 保罗（Robert W. Paul）制作了短片《火车相撞》（*A Railway Collision*）（图 3-7）。这是最早尝试通过使用微缩模型逼真地再现大规模铁路灾难的作品之一。影片描绘了两列火车在同一轨道上相向快速行驶，并在堤坝上相撞的场景。

### 4.《斯克罗吉，或马莱的鬼魂》

1901 年，英国上映了由沃尔特·R. 布斯执导的短片《斯克罗吉，或马莱的鬼魂》（*Scrooge, or Marley's Ghost*）（图 3-8）。这部短片被认为是第一部改编自查尔斯·狄更斯（Charles Dickens）经典小说《圣诞颂歌》的电影。原片全长约为 10 分钟，尽管目前只有大约 3 分半钟的片段得以保存，但它在电影史上占据着重要地位，标志着文学作品改编为电影的早期尝试之一。影片讲述了著名吝啬鬼埃比尼泽·斯克罗吉（Ebenezer Scrooge）与已故商业伙伴雅各布·马莱（Jacob Marley）的鬼魂相遇，以及随后三个圣诞鬼魂的访问。它采用了当时的先进特效技术，如多重曝光，来表现鬼魂的出现。在第二场中，马莱的脸以黑色椭圆形的形式重叠在斯克罗吉的门环上，随后是一个从下到上的垂直擦拭转换，这可能是电影史上首次出现此类特效。此外，马莱的鬼魂在斯克罗吉的卧室中展示了斯克罗吉过去的圣诞节往事的幻象，这些幻象被重叠投影在黑色幕布上。

图 3-7 《火车相撞》剧照

图 3-8 《斯克罗吉，或马莱的鬼魂》剧照

### 5.《月球旅行记》

乔治·梅里爱在早期电影创作中发展了魔幻特效和电影剪辑艺术，并在后来的作品中完善并使用了这些技术，例如 1902 年的著名科幻短片《月球旅行记》（图 3-9）。这部电影不仅是电影史上最早的科幻电影之一，也是梅里爱的代表作。影片讲述了几个科学家乘坐炮弹飞船前往月球的奇幻冒险（图 3-9）。

在创作过程中，梅里爱发明了多种电影媒介技术。电影包含了 30 个独立的场景，使用了创新的电影特效技术，如叠加影像的特技摄影、双重曝光、溶解效果和跳切，以及定格动画、绘景、替换镜头、演员在分屏中与自己表演和微缩模型的使用。尤其是，该电影被认为是最早显著使用微缩模型的电影之一。

《月球旅行记》展现了许多创新技术和令人印象深刻的场景，如飞船撞击月亮的脸并嵌入月球表面的经典画面，用溶解效果表现的梦境场景，以及搭建现代外观的炮弹式火箭船模型。该片不仅在视觉效果上开了先河，也在叙事结构上进行了大胆的尝试。通过多个场景讲述了一个完整的故事，从科学家们的准备工作，到他们的月球之旅，再到他们与月球居民的遭遇，最后安全返回地球。这部电影的成功对后来的科幻电影产生了深远影响，至今仍被视为早期电影艺术和技术结合的典范。

### 6.《玛丽·简的意外》

1903 年，由乔治·阿尔伯特·史密斯（George Albert Smith）执导的 4 分钟无声喜剧短片《玛丽·简的意外》（*Mary Jane's Mishap*）讲述了一位女仆在家中发生的一场喜剧性意外的故事。女仆在点燃厨房炉灶时，不小心使用了过多的煤油，导致炉灶爆炸，最终造成了她的意外死亡。之后，她的魂魄从烟囱中升起，为这部短片增添了一层幽默和超自然的元素。

整部短片由 14 个不同的镜头组成（图 3-10）。

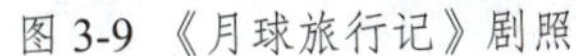

图 3-9 《月球旅行记》剧照

图 3-10 《玛丽·简的意外》剧照

这部复杂且相当先进的影片是早期在电影制作技术和叙事手法上具有开创性的电影之一（比《火车大劫案》（*The Great Trian Robbery*）早几个月），包含了史密斯在那时已经完善的各种电影叙事创新，包括特写镜头、平行动作、梅里爱风格的特技摄影或特效（跳切）、电影剪辑（多镜头剪辑）、多镜头摄像机定位等，以及使用了两次垂直擦拭转换效果来连接不同的场景。

电影以厨房的长镜头或全景镜头开场，接着是中景镜头，展现了一个邋遢、疯狂、醉酒的女仆，她打着哈欠，伸着懒腰，滑稽地尝试完成几项任务。她用口水擦亮一只靴子，然后用手中的刷子擦脸，结果发现上唇沾上了擦鞋油，在镜子中看到自己有了一个小胡子。随后，她粗心大意地用液体煤油点燃了炉子，导致了一次巨大的、烟雾缭绕的爆炸。通过停格跳切，她看起来像是消失了，而在屋顶外景镜头中，一个玛丽·简假人被炸出烟囱，飞向天空，衣服的碎片四处飞散。在一个从下到上的垂直擦拭转换后，出现了她墓碑的特写插入镜头。另一个从上到下的垂直擦拭转换将场景带到墓地，一名看守人在打扫。一位老妇带着三个女仆来到玛丽·简的坟墓前，她们被玛丽·简的鬼魂重现（叠加曝光或双重曝光效果，称为"灵魂摄影"）吓得四散而逃。

《玛丽·简的意外》（图 3-10）不仅展示了早期电影制作中的技术创新，也反映了当时观众对喜剧和特效的兴趣。史密斯通过这部影片展示了他在电影特效和叙事上的创新能力，对后来的电影制作产生了深远影响。这部短片在电影史上被认为是早期喜剧片和特效片的经典之作。

### 7.《火车大劫案》

1903 年，埃德温·S. 波特（Edwin S. Porter）导演的《火车大劫案》是一部动作短片，采用了具有开创性的摄影和剪辑技术（图 3-11）。它首次使用了许多创新的现代电影技术，如平行剪辑、轻微的摄像机移动、多个摄像机角度、复合剪辑、跳切和交叉剪辑、外景拍摄以及较少受场景限制的摄像机位置。该片采用了 1.33∶1 的宽高比，这种比例在接下来的半个世纪基本保持不变。影片采用了多个摄像机位置、非顺序拍摄并在后期剪辑中将场景按正确顺序排列。他采用了双重曝光（double exposure）合成胶片技术，拍摄了火车驶过的画面，使火车看起来似乎从窗户旁边驶过。如果仔细观看，会发现经过的火车并没有完美匹配，但考虑到当时技术的有限，这仍然令人印象深刻。另外，在特快邮车内部场景（第 3 场）中，通过移动的火车车厢的侧门可以看到飞速掠过的景色。

影片包含 14 个场景，通过平行交叉剪辑展示了多个情节线中同时发生的事件。波特的这部影片在电影制作上具有里程碑意义，因为它采用了剧本的分镜头设计（关于抢劫、逃跑、追捕和抓捕的故事），首次使用了标题卡、省略或跳过不重要部分的叙事技巧以及摇镜头，并采用了交叉剪辑的编辑技术。跳切或交叉剪辑是一种新的复杂剪辑技术，展示了在不同地点同时发生的两条独立行动或事件线。影片从强盗殴打电报员（第 1 场）切入，到电报员的女儿发现她的父亲（第 10 场），到电报员招募舞厅帮派（第 11 场），到强盗被追捕（第 12 场），再到分赃和最后的枪战（第 13 场）。影片还首次使用了摇镜头（在第 8 场和第 9 场），以及省略或跳过不重要部分的叙事技巧（在第 11 场）。影片没有跟随电报员前往舞厅，而是直接切到电报员进入的舞厅。影片的结尾是强盗头目的中景特写镜头，他推起帽子，直接向摄像机（指向观众）开枪。这在当时引起了极大的恐慌感。

### 8.《一个醉鬼的白日梦》

1906 年，埃德温 · S. 波特导演的短片《一个醉鬼的白日梦》（*Dream Of A Rarebit Fiend*）整合了定格摄影（stop motion photography）、分屏（split screen）技术和双重曝光摄影，“动画化”无生命物体，并创造了一系列奇幻场景。短片讲述了一名男子喝了大量的酒，醉酒回家并且做梦的故事（图 3-12）。通过将男子的醉酒表演和街道上摇摆的灯柱进行双重曝光，以及配合移动和模糊的纽约市街道背景，营造出天旋地转的感觉。回到家中睡在床上的男子看到鞋子似乎在地板上快速爬行，接着家具完全消失，这两个效果都是通过定格摄影实现的。随后引入了分屏技术，将屏幕一半用于展现正在睡觉的男子，另一半则展现他的梦境。在屏幕的下半部分，一个中等特写镜头描绘了男子熟睡的画面。在屏幕的上半部分，他的梦境被描绘成跳跃的小恶魔用长矛和斧头戳刺他的大脑和一个超大号的威尔士干酪炖锅。接着继续使用分屏技术，表现床和男子飞越纽约市。屏幕的上半部分是黑色背景中的男子睡在他的床上；屏幕的下半部分是纽约市的空中全景。

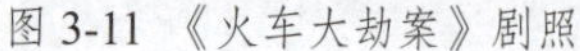

图 3-11 《火车大劫案》剧照

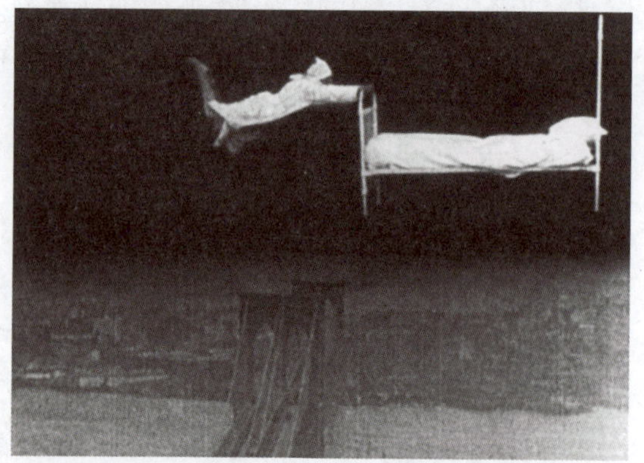

图 3-12 《一个醉鬼的白日梦》剧照

### 9.《卡比利亚》

1914 年，由乔瓦尼 · 帕斯特洛纳（Giovanni Pastrone）导演的《卡比利亚》（*Cabiria*）

是一部黑白的 180 分钟无声史诗片（图 3-13）。作为早期宏伟史诗电影制作的典范，它动用了成千上万的群演、大型布景和壮观的特效，为未来的大制作长篇电影奠定了模式和基础。这部电影启发了大卫·格里菲斯（D.W. Griffith）制作他自己的史诗电影《党同伐异》。《卡比利亚》的故事背景设定在公元前 3 世纪的古罗马，影片中设置了埃特纳火山爆发和汉尼拔带领大象穿越阿尔卑斯山的场景，这是早期的跟踪拍摄实例之一。这部里程碑式的电影在北非、西西里岛和意大利阿尔卑斯山取景拍摄，包含了首次使用移动摄影车拍摄，后来被称为"卡比里亚"运动。

### 10.《党同伐异》

1916 年上映的由大卫·格里菲斯（D.W. Griffith）导演的电影《党同伐异》（*Intolerance*）中使用了一些早期的镜头内特效和化妆特效。这些特效是在拍摄过程中直接在镜头中完成的，而不是通过后期制作添加的。例如，使用化妆和特技来模拟士兵被刺胸的场景，使这些效果看起来非常逼真（图 3-14）。

图 3-13　电影《卡比利亚》中的摩洛神庙

图 3-14　《党同伐异》中士兵被刺胸的场景

### 11.《海逝》

1922 年，由切斯特·富兰克林（Chester M. Franklin）导演的《海逝》（*The Toll of the Sea*）上映。这部五卷胶片电影（约 54 分钟）是好莱坞首部彩色电影长片，其中使用了改进的双色 Technicolor 工艺（图 3-15）。影片的女主角是第一位著名的华裔美国女演员黄柳霜，她在片中饰演莲花。

图 3-15　《海逝》剧照

### 12.《十诫》

1923 年，由塞西尔·B. 戴米尔（Cecil B. DeMille）导演的早期好莱坞史诗电影代表作之一的《十诫》（*The Ten Commandments*）上映（图 3-16）。通过其宏大的制作、创新的特效展示了电影作为一种艺术形式的巨大潜力。片中红海分开的效果是通过拍摄水流从一个 U 形水槽的两侧倾泻而下的画面，然后倒放胶片，使水看起来像是分开的。为了保持水墙分开的幻觉，影片使用了拍摄一块凝胶物质被切成两半的近景镜头，然后通过双重曝光的方式将其与以色列人远去和埃及战车追击的实景画面结合在一起。

### 13.《失落的世界》

1925 年，哈里 · O. 霍伊特（Harry O. Hoyt）导演的《失落的世界》（*The Lost World*）是一部在建立逼真巨型怪兽类型方面具有开创性的重要电影，后来的《哥斯拉》（*Gojira*，1954 年，日本）、《侏罗纪公园》（*Jurassic Park*，1993 年）和《哥斯拉》（*Godzilla*，1998 年）都属于这一类型。《失落的世界》是第一部以恐龙为主题的长篇科幻电影。

影片的特效由威利斯 · 奥布莱恩（Willis O'Brien）负责，他后来因《金刚》（1933 年）而闻名。他使用了定格动画（stop–motion animation）技术，将恐龙模型拍摄得栩栩如生。这一技术在当时是革命性的，极大地增强了影片的视觉效果。尤其是伦敦街头一只雷龙狂奔，尾巴打倒行人的场景。奥布莱恩使用小型木偶模型，在微缩景观上逐帧拍摄。通过使用分屏（split–screens）技术，将真人实拍和定格动画结合在一起。影片还使用了活动遮片（traveling matte）技术，它允许将一个移动的元素（比如一个演员）从其原始背景中分离出来，然后将其放置到一个不同的背景上。这种技术在电影和视频制作中用于合成两个或多个图像，创造出无缝的视觉效果。例如，在一个片段中（图 3-17），演员贝茜·洛芙（Bessie Love）在躲避霸王龙时被遮片处理进画面。

图 3-16 《十诫》剧照

图 3-17 《失落的世界》剧照

### 14.《大都会》

1927 年，弗里茨 · 朗（Fritz Lang）导演的《大都会》（*Metropolis*）上映（图 3-18）。微缩模型最早在乔治 · 梅里爱的《月球旅行记》中使用。弗里茨 · 朗（Fritz Lang）极大地推进了使用复杂模型微缩景观来创建广阔城市景观的艺术。在影片的开场，飞机飞越充满更多汽车的未来反乌托邦城市。影片还使用了绘景、复杂的合成和背面投影（rear projection）技术。例如，统治者约翰 · 弗雷德森在视频电话屏幕上与他的工厂主管交谈的场景。影片中的许多细节都是技术奇迹，包括疯狂的科学家、发明家洛特旺的实验室、机器人揭幕，以及机器人身上升降的环（一个多重曝光镜头，图 3-19）。

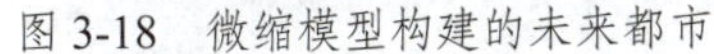

图 3-18　微缩模型构建的未来都市

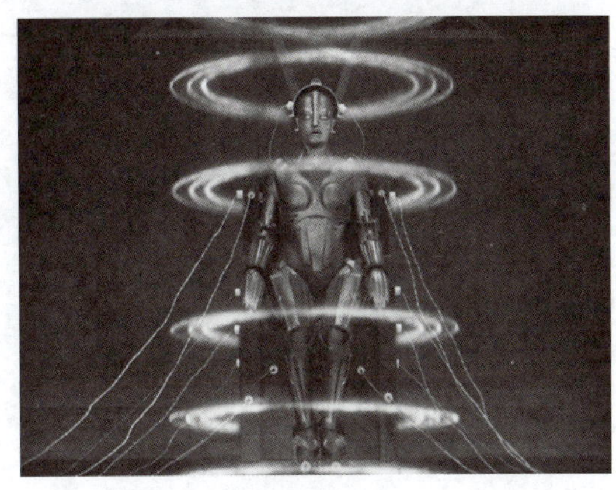

图 3-19　机器人周围的升降环

这是第一部成功使用德国舒夫坦方法的电影，舒夫坦方法是由德国摄影师尤金·舒夫坦（Eugène Schüfftan）在 1923 年发明的。这是一种早期的蓝屏光学特效技术，它是蓝屏技术的早期形式。该过程使用镜子创造出演员在巨大场景中的幻觉（实际上是由绘制或建模的背景组成的微型场景），如体育场的场景。这种早期的技术很快就被更简单、更有效的遮罩方法和蓝屏特效（bluescreen effects）所取代。

思考：你还知道哪些有趣的早期电影特效制作小故事？

## 3.2　传统特效的创新与成熟

### 3.2.1　微缩模型与定格动画的发展

到了 20 世纪 30 年代，一些主要特效师已拥有十多年的特效制作经验，并掌握了当时各种可用的技术。背面投影、光学印片、绘景和机械装置等技术在大多数工作室的作品中发挥了关键作用，并被视为电影制作过程中的常规部分。

#### 1.《金刚》

1933 年，由梅里安·C. 库珀（Merian C. Cooper）和欧尼斯特·B. 舍德萨克（Ernest B. Schoedsack）联合执导的《金刚》（*King Kong*）被广泛认为是电影史上最具影响力的怪兽电影之一，以其创新特效和震撼的视觉效果闻名。

图 3-20
多重技术展示了微缩模型细节和 Matte Painting 背景板的大小

作为该片的特效主管，威利斯·奥布莱恩主要采用了微缩模型、定格动画、绘景和背面投影等多种特效技术（图 3-20）。金刚的 18 英寸高模型内部有一个可活动手脚的金属骨架，外部覆盖着橡胶和兔子毛。金刚与其他怪兽（如恐龙）战斗以及在纽约帝国大厦楼顶死去的情景，每一个动作都是通过逐帧移动模型的定格动画技术精心制作的。电影中使用了大量的微缩景观来再现骷髅岛和帝国大厦的场景，这些微缩模型与真人实景结合，增强了视觉效果的真实感。

背面投影技术将预先拍摄的真人影像与模型和微缩景观结合（图 3-21）。例如，如金刚抓起安·达罗的场景，安·达罗的影像被投射到金刚模型的手中，创造出互动的效果。绘景用于描绘背景和远景，如丛林和城市景观。这些画作通常在玻璃上完成，然后通过特殊的摄像机技术将其与实际拍摄的场景结合在一起。

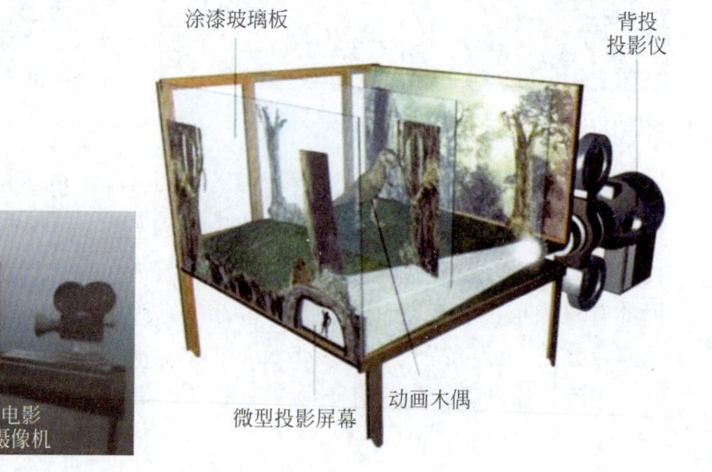


图 3-21
背投技术原理

## 2.《摩登时代》

在 1936 年上映的电影《摩登时代》（*Modern Times*）中（图 3-22），最著名的特效场景是滑轮场景。在这个场景中，卓别林饰演的流浪汉炫耀他的滑冰技巧，而他却不知道自己险些掉进百货商店楼层的巨大缺口里。实际上，场景中并没有真正的缺口，这一令人惊叹的视觉效果是通过在摄像机前方放置一幅绘制在玻璃上的数字绘景（matte painting）实现的。这种技术革新摒弃了传统的双重曝光方法，避免了由此产生的抖动，改用单次拍摄的方法进行合成。在数字时代到来之前，这种技术一直是后续许多遮罩工作的基础。

图 3-22 《摩登时代》中的数字绘景技术

## 3.《绿野仙踪》

1939 年上映的《绿野仙踪》（*The Wizard of Oz*）是一部由维克多·弗莱明（Victor Fleming）执导的经典奇幻电影。影片中的龙卷风特效是通过结合实际移动的装置、微缩模型和绘画背景，以及模拟风力和尘土的设备来实现的。首先，制作了一条长达 35 英尺的平纹薄纱长筒袜，然后将这个长筒袜包裹在铁丝网上，以形成龙卷风的锥形外观。将龙卷风特效装置的底部安装在摄影棚下方的一辆移动车辆上，工作人员沿着轨道移动这辆汽车。农舍、围栏、谷仓和草原都是微缩模型，而云彩则是在玻璃上绘制。风机用来模拟龙卷风的风力，而灰尘则用来模拟风中飞扬的尘埃和碎片，这样就更加逼真地再现了龙卷风的狂暴和破坏力。

在电影中最令人恐惧的场景之一是西方邪恶女巫派出她的飞行猴子军队去绑架多萝西（Dorothy）并攻击她的朋友们。飞行的猴子是由身材矮小的演员扮演的，用非常细的钢琴线将他们吊在摄影棚上，就像活生生的木偶。演员们背上装着电池包，使得他们的翅膀能够拍打。多萝西将水泼在邪恶女巫身上，导致她开始融化的场景，是将演员放在一个小电梯平台上，平台会降到摄影棚下方。再把女巫裙子的裙边钉在电梯外面，这样裙子就不会掉下来。电梯口的上升气流把她的裙子吹起来，裙子下面还放了干冰来产生蒸汽效果。最后的点睛之笔是，当女巫在融化时，她的头上戴了一顶更大的帽子，这样她的脸看起来就显得更小了。剪辑时再将多次拍摄的画面拼接在一起完成。

数字绘景技术在《绿野仙踪》中被广泛使用，通过将投影或画作放在前景物体后面，创造出电影中许多宏伟而幻想的场景。图 3-23 是一个例子，展示了多萝西、铁皮人和稻草人的实景拍摄镜头如何被放置在奥兹国的美丽画面上。画面中黑色涂漆的部分表示实景拍摄镜头将出现在画面上的位置。

实景拍摄

数字绘景

合成图像

图 3-23 《绿野仙踪》中的数字绘景技术应用场景

### 4.《巴格达大盗》

20 世纪 40 年代，彩色摄影成为一个可行的制作选项，为行业带来了重大变化。最初，对于特效技术人员来说，彩色摄影是一项挑战。投射到演员身后屏幕上的背景图像亮度不够，无法以彩色重新拍摄。然而，派拉蒙公司在 40 年代初期设计了一种强大的新投影系统，帮助从业者克服了这一问题。活动遮片（travelling matte）技术（允许将一个移动的元素（比如一个演员）从其原始背景中分离出来，然后将其放置到一个不同的背景上的技术）为了适应彩色拍摄也需进行改进。在 1940 年上映的电影《巴格达大盗》（*The Thief of Bagdad*）中首次采用了这种改进后的新技术。片中苏丹在城市上空骑马的场景，这是有史以来第一次使用特艺彩色蓝幕活动遮片（technicolor blue-screen travelling matte）技术（图 3-24）。这部电影在 1940 年获得了奥斯卡最佳特效奖。影片中的特效还包括会飞的魔毯、六臂的机械刺客、能飞的玩具马、阿布与巨大的蜘蛛在网上的一番激战，以及从一个小瓶中释放出的 50 英尺高的神灯精灵。

图 3-24
首次使用“蓝幕”技术的场景

### 5.《巨猿乔扬》

1949 年上映的电影《巨猿乔扬》(*Mighty Joe Young*) 采用了当时最先进的特效技术，并因此获得了奥斯卡最佳特效成就奖。该片包括大量的定格动画，辅以众多的绘制遮片 (painted mattes)、流程镜头 (process shots)、光学特效 (optical tricks)、微缩模型 (miniatures) 和机械装置等。《巨猿乔扬》起用大部分与《金刚》相同的制作团队，特效大师威利斯·奥布莱恩监督了这部电影的特效，协助奥布莱恩的是当时还年轻的特效大师雷·哈里豪森 (Ray Harryhausen)。电影中栩栩如生的定格动画为未来许多年的动画角色效果树立了标杆。图 3-25 是哈里豪森在处理片中最复杂的动画序列，其中一群骑在马上的牛仔试图用套索套住乔扬，将它绊倒。影片采用了遮片艺术，引人入胜的丛林背景被绘制在多块玻璃板上。与前景中的定格动画内容相结合，创造出完整的场景。图 3-26 展示了一位画家在密集丛林的前景玻璃和广阔非洲山谷的绘画玻璃之间进行创作。

图 3-25
雷·哈里豪森在制作定格动画

图 3-26
一位画家在玻璃上绘景

## 3.2.2　传统特效的黄金时代

微课视频

20 世纪 50 年代至 60 年代，被誉为电影传统特效的黄金时代，是电影制作艺术迈向特效突破和创新的重要里程碑。在这一时期，电影制作人巧妙地运用实物模型、机械装置、特效化妆、微缩景观、光学打印、定格动画以及手工绘制等技艺，创作出一系列令人叹为观止的视觉盛宴。这些创新不仅为后世电影特效技术的发展奠定了坚实基础，更彰显了在没有计算机辅助的年代，电影制作人如何凭借无穷的创意和精湛的技艺，开创出令人难以置信的视觉效果。

### 1.《世界大战》

1953 年上映的科幻电影《世界大战》( *The War of the Worlds* )，由拜伦·哈斯金（Byron Haskin）执导。这部电影因其卓越的特效赢得了奥斯卡奖，并最终被美国国会图书馆的国家电影登记处收录。电影中呈现了生动的彩色特效，以及对多个城市和地标的部分毁灭，包括洛杉矶法院大楼、巴黎的埃菲尔铁塔、印度的泰姬陵等。电影中大规模破坏的场景通过玻璃绘景、微缩模型和遮罩技术的巧妙结合得以实现。为了避开在 UFO 中常见的典型飞碟外观，电影中的火星战争机器被设计成形状像魔鬼鱼且在地面上漂浮的神秘机器（图 3-27），这些火星战争机器的道具是用铜制成的。

### 2.《十诫》

1956 年，导演塞西尔 · B. 德米尔（Cecil B. DeMille）翻拍了自己 1923 年的同名默片《十诫》( *The Ten Commandments* ),该电影因其卓越的特效工作而获得了奥斯卡最佳特效奖。电影中包含了电影史上最令人难以置信的视觉效果之一——红海水分开的场景（图 3-28）。在派拉蒙影业的片场外景地上，建造了一个巨大的中间凹陷的 U 形水坝。这个水坝巨大到不得不拆除派拉蒙和雷电华（RKO）片场之间的围栏来为它腾出空间。成千上万加仑的水

图 3-27
类似魔鬼鱼外观的战争机器

图 3-28 红海的壮观分离

分别被注入水坝的两侧。在风扇机的驱动下，水涌向中间的凹槽，并冲过凹槽的边缘，填满整个水槽。这一切都被四台高速的 VistaVision 摄影机捕捉下来。当将胶片倒转播放时，这片“海”看起来仿佛在向两侧分开，而不是涌向中间。

为了创造出影片中摩西和他的子民穿越分开的红海时两旁高耸的水墙，数千加仑的水再次从高置水坝中释放，这一次是流向一个巨大的斜坡，尺寸为 80 英尺×32 英尺。拍摄的水从斜坡上冲下来的镜头胶片在实验室中被倒转播放，以营造出水向上涌的效果；这个镜头被复制并倒转播放，以应用到场景的另一侧，形成对称的水墙效果。这些镜头只是合成最终效果的一部分材料。它们与埃及外景地的微型模型镜头、实景镜头以及壮观的滚滚云层的活动遮片（travelling matte）相结合，构建了一个包含约 30 个单独元素的最终合成效果。总的来说，红海场景的拍摄耗时 6 个月，耗资 100 万美元。此前从未有过这样的特效。

### 3.《杰逊王子战群妖》

1963 年上映的电影《杰逊王子战群妖》（*Jason and the Argonauts*）由唐·查费（Don Chaffey）执导。影片的特效由传奇的定格特效大师雷·哈里豪森负责，他的工作让电影为观众带来了无与伦比的视觉体验，使《杰逊王子战群妖》成为特效电影的经典之作。

雷·哈里豪森的动画师生涯从 20 世纪 40 年代一直延续到 1981 年。在 20 世纪 30 年代和 40 年代，哈里豪森一直在进行早期的实验和短片制作。他的第一部长片电影工作是在 1949 年的《巨猿乔扬》中担任第一助理，协助他的导师、传奇动画师威利斯·奥布莱恩（Willis O'Brien）。哈里豪森开创了一种名为 dynamation 的分割屏幕技术（在重叠的微型屏幕上的后投影），这使得动画和实拍场景的结合更加生动。

在制作《杰逊王子战群妖》之前，哈里豪森已经为《原子怪兽》（*The Beast From 20000 Fathoms*, 1953）、《深海怪物》（*It Came From Beneath the Sea*，1955）、《金星怪兽》（*20 Million Miles to Earth*，1957）、《辛巴达七航妖岛》（*The 7th Voyage of Sinbad*，1958）和《神秘岛》（*Mysterious Island*, 1961）等电影创作了精彩的特效，但他在《杰逊王子战群妖》中的特效工作达到了新的高度。

在《杰逊王子战群妖》中，哈里豪森制作了令人印象深刻的定格动画，包括七头蛇怪海德拉（Hydra）和摧毁阿尔戈船的青铜巨人塔洛斯（Talos），以及阿尔戈英雄与骷髅军队之间的战斗场景。塔洛斯复活并攻击杰森团队的场景中，塔洛斯的实际模型高 17 英寸，内部的金属骨架由哈里豪森的父亲弗雷德里克·哈里豪森（Frederick Harryhausen）建造。作为一名机械师，弗雷德里克根据他儿子的详细规格进行制作。七头蛇怪是一个结构非常复杂的模型，包括两个尾巴、大型身体和七个独立头部的活动部件。

电影中最著名的特效场景之一是杰森和他的队友们与骷髅战士的战斗（图 3-29）。这些骷髅战士是通过定格动画技术逐帧拍摄而成的。这场战斗耗费了哈里豪森和他的团队四个月的时间，精心雕琢每一个细节。每个骷髅都有个性和反应，例如当一个骷髅兵被剑击中后，它会抓住自己的肩膀，展示出极高的细节和真实感。这些骷髅模型是由液态乳胶浸泡棉花，然后包裹在一个细金属骨架上制作而成的。

图 3-29　青铜巨人与骷髅军队

### 4.《2001 太空漫游》

1968 年上映的电影《2001 太空漫游》（*2001: A Space Odyssey*）（图 3-30）中使用了大型且精细的模型来模拟飞船，这些模型尺寸巨大，从 2 米到 17 米，其中最大的模型是探索号。为了逼真地模拟太空中的失重效果，导演斯坦利·库布里克（Stanley Kubrick）基于真实的科学理论设计了一种旋转装置，通过离心力来创造人工重力，使得电影中的场景看起来像是在太空中。具体来说，这个装置被设计成一个巨大的旋转轮，由英国飞机公司维克斯-阿姆斯特朗工程集团（Vickers-Armstrong Engineering Group）制造，重达 3 万千克，直径为 38 英尺，宽为 10 英尺，制作成本为 75 万美元。这个旋转轮可以以每小时 3 英里的速度旋转，内部设有椅子、书桌和控制台等必要的家具和设备，这些物品都牢固地固定在旋转轮的内表面上。当旋转轮开始旋转时，离心力使这些固定的物品保持在原位，模拟出一种重力环境。演员可以在旋转轮的底部行走，而整个场景则围绕他们旋转。为了拍摄这些场景，剧组将摄像机附在旋转轮上（图 3-31），使之随着轮子一起旋转，从而拍摄到演员看起来像是在正常重力环境下行走的画面；或者将摄像机固定在轨道上拍摄旋转的场景，从而表现出房间在旋转的效果。通过这些拍摄手法，电影能够呈现出人在太空中行走的逼真效果。此外，摄像机操作员坐在一个能够多方向调节和移动的座椅上，通过早期的视频输入设备，库布里克可以在控制室中精确指示和控制拍摄过程。这种设计巧妙地利用了离心力，成功地在电影中呈现了太空中的失重效果，使观众感觉身临其境，仿佛真的置身于太空之中。

图 3-30 《2001 太空漫游》中使用的模型

图 3-31 旋转轮装置

影片中最令人印象深刻的特效之一是“星际之门”序列，通过一种被称为狭缝扫描摄影（slit-scan photography）的技术实现。狭缝扫描技术的出现早于库布里克的电影，特效主管道格拉斯·特朗布尔（Douglas Trumbull）对该技术进行了创新和扩展，从而带来了全新的视觉体验。狭缝扫描摄影的核心是通过一个狭缝进行拍摄，具体方法是将一个狭缝遮罩放置在相机和被拍摄物体之间，通过移动相机和图像来创造独特的视觉效果。制作团队还拍摄了在液体中移动的化学物质和颜料，通过不同色彩滤光片和化学反应，呈现出复杂的色彩和纹理，增强了“星际之门”序列的幻觉效果。为了丰富这一效果，库布里克使用了成千上万种不同的几何图像，包括视觉错觉画作和晶体结构的电子显微镜照片。狭缝扫描拍摄需要在完全黑暗的环境中进行，只在艺术作品的对侧设有光源。库布里克还利用了当时的各种后期制作技术，例如彩色滤光片和负片处理，以增强迷幻的视觉效果。这些技术使影片的色彩和光影效果更加生动，让观众仿佛置身于另一个维度。通过这些复杂的拍摄和制作技术，创造了一个令人难忘的“星际之门”序列，使《2001太空漫游》成为电影史上的经典之作。

为了展示一支笔在失重环境中的“漂浮”效果，剧组将笔用双面胶带粘贴在一个旋转的玻璃盘上。通过旋转和移动玻璃盘，再配合巧妙的拍摄手法，使笔看起来像是在空气中飘浮。宇航员鲍曼和普尔在太空中漂浮的场景则是通过使用钢丝和巧妙的摄像机角度实现的。大多数情况下，演员或特技表演者被钢丝悬挂在一侧，并从相对的角度进行拍摄，使钢丝被遮挡在视线之外。屏幕外的工作人员通过拉动钢丝来创造失重漂浮的效果。在某些场景中，例如普尔的身体在太空中飘浮的镜头，还使用了慢动作拍摄技术，以增强失重的视觉效果。

**思考：**经过对传统特效案例的学习，请你思考一下传统电影特效技术是如何从简单的替换拍摄法逐步发展到复杂的模型制作与定格动画技术的。

## 3.3 CGI技术的探索与突破

电影特效作为电影与科技结合的产物，始终紧跟科学发展的步伐。在20世纪70年代中期，随着计算机运算能力的显著提升和计算机图形学的飞速发展，影视特效艺术迎来了新的发展机遇。计算机生成图像（computer generated imagery，CGI）技术的兴起为影视制作领域注入了创新活力，其应用作品逐渐增多，大幅提升了特效制作的效率和逼真度。这一技术革新不仅标志着现代影视特效的诞生，更引领电影艺术进入一个充满无限创意和视觉奇观的新纪元。

### 3.3.1 CGI技术的早期探索

1977年，乔治·卢卡斯（George Lucas）执导的《星球大战4：新希望》（*Star Wars: Episode IV: A New Hope*）上映，标志着一个新时代的到来，并成为数字特效的里程碑。该电影获得了1978年奥斯卡最佳视觉效果奖，并且是历史上第一部使用摄像机运动控制系统的电影。

该片的特效摄影效果主管是约翰·迪克斯特拉（John Dykstra），摄像机运动控制系统“Dykstraflex”就是以他的名字命名的。这个系统使用步进电机来控制摄像机与拍摄对象位置关系中的任何运动。这些电机驱动一个具有7个运动轴且精度非常高的轨道臂系统，通过使用摄像机的帧速率和计数作为时间基准，可以以24帧每秒的速度记录摄像机和拍摄对象的位置变化。位置变化可以通过拍摄镜头查看，并通过操纵杆控制多轴移动，或通过单个电位器控制单轴移动。

这种技术通过在蓝幕前拍摄前景，并将这些运动数据应用到双摄像系统，可以实现复杂的匹配移动和多元素遮罩镜头（图3-32）。然后，以匹配的运动拍摄单独的背景元素。当将前景和背景元素结合在一起时，效果看起来就像是实时拍摄的，可以在包含多个元素的镜头中进行平移、倾斜、滚动和加速，这些元素是在不同时间用不同摄像机拍摄的。

《星球大战4：新希望》中使用了大量微缩模型。这些模型中的每一个都会在多个镜头中从不同角度展示（图3-33）。为了实现这一目标，每个模型都设计成可以从前面、后面、顶部、底部和两侧进行安装，使摄像机能够灵活地从各种角度拍摄。每个模型都运用了复杂的实际灯光，以模拟发动机效果、激光武器效果和驾驶舱照明。一些模型还具备活动细节，如可移动的机翼和旋转天线。

图 3-32
用 Dykstraflex 系统拍摄一个 TIE 战斗机的模型，背景是蓝屏

图 3-33
千年隼号模型

虽然影片中大多数视觉特效是通过微缩模型和蓝幕技术实现的，但其中确实有一个早期的计算机生成图像例子。这就是反叛军作战室中展示的死星战壕的 3D 线框序列（图 3-34）。这些序列由非常基础、没有纹理和阴影的三维线框图组成。这段三维线框图是电影中首次广泛使用的三维计算机动画或 CGI。虽然当时的 CGI 技术非常初级，但这段作战室中的线框图展示了未来数字特效的巨大潜力，并为后来的影视数字特效发展奠定了基础。《星球大战 4：新希望》是乔治·卢卡斯的视觉特效公司工业光魔的第一部重要作品，该公司后来成为电影史上最大、最著名的特效公司之一。

图 3-34　CGI 技术制作的三维线框图

## 3.3.2 CGI 技术的突破与应用

微课视频

### 1.《电子世界争霸战》

计算机生成图像在 20 世纪 80 年代初期仍处于起步阶段，它更像是一种实验性技术，而不是电影制作中的常规手段。1982 年上映的由史蒂文·利斯伯杰（Steven Lisberger）执导的科幻电影《电子世界争霸战》在这方面有了显著的突破，通过精心打造的数字世界，为那些愿意进一步发展计算机生成图像实验的前瞻性电影制作人打开了大门。

这部电影是一部以计算机视频游戏为背景的奇幻冒险片，也是最早从电子游戏热潮中衍生出的电影之一。它是第一部广泛使用 CGI 的真人电影，使用时长达 20 分钟，创造了一个完整的三维图形世界。其中最具创新性的场景是著名的光循环赛段（图 3-25），展示了计算机生成的光循环车在高速竞赛中的情景。随着 CGI 的出现，绘景技术发展为数字绘景，环境不再是手绘的，而是使用计算机创建的。当时，计算机只能生成静态图像，而不能生成动画。光循环赛段的摄像机坐标需要每帧手动插入，为了获得 4 秒钟的电影画面，需要 600 个坐标。

图 3-35
光循环车竞赛场景

### 2.《少年福尔摩斯》

1985 年上映的《少年福尔摩斯》（*Young Sherlock Holmes*）由巴里·莱文森（Barry Levinson）执导，史蒂文·斯皮尔伯格担任执行制片人。这部电影因两个里程碑而著名：它是第一部在长篇电影中出现完全由计算机生成的三维照片级真实感动画角色的电影，即彩色玻璃骑士（图 3-36）（有人认为，第一个 CGI“角色”是《电子世界争霸战》中的多面体角色“比特”）。此外，它是第一个通过激光扫描并直接绘制到胶片上的计算机动画角色。

该特效由工业光魔公司制作，具体由约翰·拉塞特（John Lasseter）领导的团队完成。约翰·拉塞特后来成为皮克斯动画工作室的联合创始人之一。影片中彩色玻璃骑士虽然仅出现了 30 秒，但制作时间长达 6 个月。制作团队使用了新的运动模糊技术和首个 32 位 RGBA 绘图系统来创造这一效果。

这一创新性的特效场景展现了 CGI 技术在早期发展中的巨大潜力，启发了后来诸如《终结者 2：审判日》（*Terminator 2: Judgment Day*, 1991）和《侏罗纪公园》（*Jurassic Park*, 1993）等影片的特效制作。

图 3-36
彩色玻璃骑士

### 3.《深渊》

1989 年，工业光魔公司推出了科幻电影《深渊》（*The Abyss*）。这部电影代表了当时三维动画和渲染技术的最高水平，也是用粒子系统进行复杂建模的范例。《深渊》的出现标志着以计算机图形特效为代表的数字电影时代的开始。

导演詹姆斯·卡梅隆通过该片为电影特效的发展树立了两个里程碑，其一是卡梅隆在片中创造性地运用了各种方法表现水下奇观，其二就是电影中使用了大量的计算机生成影像。例如，工业光魔公司用计算机光线追踪技术制作了可以不规则蠕动的人面蛇形液态外星生物。这段持续约 75 秒的与液态外星生物互动的序列耗时 8 个月制作。液态外星生物能够模仿人类的面部表情，并通过类似人类面部表情的运动进行交流。女演员还用手触摸了这个虚拟生物，并尝试了指尖上的物质，断定它是'海水'。为了实现流体模拟两位演员面部动画的效果，使用 Cyberware 扫描仪捕捉演员的脸型和表情，并在计算机中重建。工业光魔为影片中的液态外星生物设计了一个程序，用于生成不同大小和运动特性的水面波纹效果，包括反射、折射和变形效果。虽然这段特效的时间短暂，但这种 CGI 和真人实景的成功融合（比如，透过外星生物的身体看到的背景必须有实景的折射效果）被广泛认为是指引数字特效领域未来发展的里程碑（图 3-37）。这种照片级真实感流体变形技术在詹姆斯·卡梅隆的下一部电影《终结者 2》中用于创造液态终结者 T-1000。

图 3-37
液态外星生物与真人演员互动

随着20世纪90年代的到来，CGI技术日臻完善，其在电影制作中的应用变得日益普遍。这一技术的进步，为电影艺术带来了革命性的变革，它所缔造的数字特效视觉奇观，不仅震撼了观众的感官，也重塑了他们的审美期待。电影艺术的世界，因 CGI 技术的融入而焕发出新的活力与魅力。观众对于电影的口味和偏好，也随之发生了显著的变化，他们越来越倾向于那些充满视觉冲击力、特效出众的电影大片。

### 4.《终结者 2：审判日》

1991 年，詹姆斯·卡梅隆执导的《终结者 2：审判日》(*Terminator 2*：*Judgement Day*)上映，拉开了 20 世纪 90 年代数字电影特效的序幕，宣告了数字特效大片时代的到来。该片赢得了当年奥斯卡最佳视觉效果奖。卡梅隆在这部影片中继续采用了《深渊》中的变形特效，由工业光魔公司制作的液体金属机器人 T-1000（图 3-38）带来了令人震撼的视觉效果。T-1000 能够在观众的注视下流进直升机驾驶舱，可以从地板上融起，手指还能变成致命的利刃，即使身体被打得千疮百孔甚至熔化之后也能奇迹般地迅速复原。

《终结者 2》是第一部拥有多个变形效果，并以 CG 角色作为主要角色来模拟自然人类动作和逼真运动的主流大片，是对传统木偶和其他实物模型特效制作手段的补充。

图 3-38
液态金属机器人 T-1000

### 5.《侏罗纪公园》

1993 年，由史蒂文·斯皮尔伯格（Steven Spielberg）执导的电影《侏罗纪公园》(*Jurassic Park*)荣获奥斯卡最佳视觉效果奖。这部影片将斯坦·温斯顿工作室最先进的机械模型动画与工业光魔公司的计算机生成图像技术相结合，展现了栩栩如生的恐龙效果，重新定义了电影中视觉逼真度的标准。

斯坦·温斯顿工作室负责制作机械动画，恐龙模型由模型操纵师操作，配备电机和液压装置，使其动作更加逼真。同时，工业光魔使用当时最先进的 Silicon Graphics 计算机创建了 CGI 恐龙。动画师们花费数月时间创建恐龙的数字模型，并开发能够模拟其动作和皮肤纹理的软件，使得恐龙在视觉上极为逼真，并完美融入真人实景拍摄的片段中。

电影中有 14 分钟的恐龙镜头，其中只有 4 分钟是由计算机制作的。剧组最初计划全部使用定格动画版的恐龙，但在发现 CGI 技术效果更好后，便采用了一些 CGI 恐龙。这些 CGI 镜头包括：霸王龙吃掉躲在厕所里的律师、霸王龙奔跑着追击吉普车并从汽车侧面撞击的序列、展示各种恐龙在田野上和平觅食的远景镜头（图 3-39）、角色们在公园里寻找安全出路时遇到迅猛龙并惊叹于其与鸟类的相似性。最后霸王龙突然出现，袭击并杀死了一只迅猛龙的场景（图 3-40）。

图 3-39
CGI 技术制作的蜿龙

图 3-40
CGI 技术制作的迅猛龙群

《侏罗纪公园》通过精湛的视觉效果，展示了一个前所未有的恐龙世界，激励后来的导演们不断挑战数字技术的极限。电影为逼真和沉浸感设定了新标准，电影观众对视觉效果的要求因此大大提高。此后，电影制作人和特效公司不断创新，以满足并超越观众对卓越特效的期望。

不到十年时间，计算机生成图像技术已经达到了好莱坞前所未有的高度。《侏罗纪公园》中狂暴的霸王龙标志着这一技术新时代的到来。通过这部电影，斯皮尔伯格不仅展示了恐龙的复活，更引领了一场电影特效的革命。

### 6.《阿甘正传》

1994 年上映的由罗伯特·泽米吉斯（Robert Zemeckis）执导的电影《阿甘正传》（*Forrest Gump*）以创新性的计算机数字化效果，赢得了奥斯卡最佳视觉效果奖。

电影中，汤姆 · 汉克斯饰演的阿甘通过数字合成技术，与许多历史事件和名人进行了互动。阿甘与三位美国总统——肯尼迪（图 3-41）、约翰逊和尼克松，以及猫王和约翰·列侬等名人的会面场景令人印象深刻。为了实现这一效果，汉克斯首先在一个带有参考标记的蓝屏前拍摄，然后后期团队通过色度键、图像变形和旋转描摹等技术，将他整合到档案视频中。为了录制历史人物的声音，先对配音演员进行拍摄，然后使用特效来调整唇形以匹配新的对话。

图 3-41
汤姆·汉克斯与肯尼迪互动

另一个值得注意的特效是丹·泰勒中尉的双腿截肢效果。由加里·西尼斯饰演的丹中尉是越南战争期间阿甘的排长。在一次战斗中，阿甘救了他的命，但他的伤势导致双腿膝盖以下被截肢。为了实现这一效果，拍摄时用蓝幕布料包裹西尼斯的下肢，这样后期的“抠图（Roto-Paint）”团队就可以在每一帧画面中抹除他的双腿。影片巧妙地结合了实景效果和 CGI 特效，逼真地展示了西尼斯在轮椅上的双腿缺失（图 3-42）。

图 3-42
丹·泰勒中尉的双腿截肢效果

《阿甘正传》还利用 CGI 技术制作了一场精彩的乒乓球比赛。拍摄时，演员先表演打乒乓球的动作，之后通过 CGI 制作乒乓球动画，将真实演员与数字乒乓球完美融合在一起。此外，影片开头和结尾处飘动的羽毛实际上是系在一根线上拍摄的，后期处理时再将线擦除，创造出羽毛自由飘动的效果。

### 7.《泰坦尼克号》

1997 年，詹姆斯·卡梅隆导演的电影《泰坦尼克号》(*Titanic*) 获得了奥斯卡最佳视觉效果奖。这部电影的视觉特效由多家公司共同完成，主要是数字王国（Digital Domain）和工业光魔。数字王国由詹姆斯·卡梅隆联合创办，并在本片中承担了大量的特效工作。

《泰坦尼克号》的特效因其大规模使用动作捕捉和 3D 数字替身而闻名。影片使用动作捕捉（motion capture）技术捕捉演员的动作，然后将这些动作应用到数字人物模型上，实现了数字人物动画。甲板上走动的数字乘客和船员很多都是通过这项技术实现的。此外，影片使用了大量的数字合成（digital compositing）技术，通过将计算机生成图像与实际拍摄的演员合成为一个整体，达到了高度的真实感。比如，杰克和罗丝在船头“飞翔”的场面中，天空中美丽的红色夕阳是实拍，男女主角站在船头及面部特写则是补拍，再通过软件进行细节修饰和合成。

影片中使用了许多模型,包括 1/20 比例的微缩模型和一个全比例的甲板实际大小模型，用于拍摄特定场景（图 3-43）。这些模型被用来模拟船只的破裂和沉没等关键情节。

图 3-43
《泰坦尼克号》中使用的微缩模型与全比例船头

大量的 CGI 技术被用来创建船只、海洋以及救生艇等，以及补充实际拍摄场景和模型无法实现的部分。例如，杰克站在泰坦尼克号的船头高呼“我是世界之王”，随后镜头缓缓后拉，通过 CGI 技术展示了泰坦尼克号的全貌。又比如，在泰坦尼克号启航时恢宏壮丽的镜头中，除了船的底部是模型外，其余部分都由数字技术制作，包括烟雾和跃出水面的海豚。为了表现码头上众多群众演员的场景，摄制组在绿幕前对少量群众演员进行分组拍摄，再通过动作捕捉生成数字角色，最终呈现出大量群众的画面。

另一场令人印象深刻的时空转换发生在杰克为罗丝画像时，镜头慢慢推向罗丝双眼的特写，几秒钟的凝滞后，皱纹慢慢出现在眼周，面庞也逐渐衰老，随后镜头拉远，变成 85 岁的罗丝。为了达到表现同一人物的效果，摄制组对两位演员分别进行定位拍摄，主要对凯特·温斯莱特（Kate Winslet）的眼睛进行定位捕捉，再合成到老年罗丝的面孔中，完美地呈现了岁月流逝的过程。

最后，海面上的沉船戏融合使用了计算机生成图像、全比例模型、微缩模型和数字演员替身（图 3-44），展示了泰坦尼克号倾斜、断裂成两半并悲剧地沉入海水中的全过程。

图 3-44
替身演员动作
捕捉拍摄现场

### 8.《黑客帝国》

1999 年上映的《黑客帝国》（*The Matrix*）由沃卓斯基（Wachowski）兄弟执导并编剧，凭借令人难以置信的视觉效果赢得了奥斯卡奖。影片结合了许多创新的视觉和特效元素，时长约占整部影片的 20%。

《黑客帝国》中最著名的特效是“子弹时间”（图 3-45）。拍摄“子弹时间”镜头时，制作团队在摄影棚里搭建了一个绿色背景，演员就在背景前表演。122 台相机精确地摆放在一条由计算机追踪系统设定好的路线上。视觉特效团队不是同时启动所有相机，而是按照预先由计算机编程好的顺序和几分之一秒的时间间隔依次启动。这样每台相机都能捕捉到动作的进展，创造出超慢动作效果。当这些帧组合在一起时，产生的慢动作效果达到了每秒 12000 帧，而普通电影的帧率是每秒 24 帧。标准电影摄像机放置在阵列的两端，以捕捉前后的正常速度动作。由于在大多数镜头中，相机几乎完全围绕拍摄对象旋转，因此需要使用计算机技术编辑掉出现在背景中的相机。

实拍背景中的相机速度、位置、镜头焦距等数据都传送到运动控制系统上，然后实际拍摄真实场景。再把拍摄结果传送到计算机里，用图像模式识别程序重建模型，用 Maya 增加新的元素。并对相邻两张照片之间的差异进行虚拟修补，渲染后生成了 360° 镜头下拍摄对象的连贯、顺滑的动作。最后，用 Inferno 软件进行最后的合成和校正，将该连贯的动态图像与背景融合，才有了电影中看到的惊艳视觉效果。为了创建数字虚拟背景，特效主管约翰·盖塔（John Gaeta）聘请了乔治·博尔舒科夫（George Borshukov），他根据建筑物的几何形状创建了 3D 模型，并使用建筑物本身的照片作为纹理。“子弹时间”之后也被许多其他电影和视频游戏采用，成为一种流行的特效手段。

**思考：**计算机生成图像技术的兴起如何改变了电影特效制作的方式，并如何促进了电影艺术在创意表达和视觉呈现上的突破？

图 3-45
《黑客帝国》中的“子弹时间”序列

## 3.4 现代数字特效的全面统治

进入 21 世纪，数字特效技术已经成为电影特效领域的主导力量，并在电影制作的各个方面占据了核心地位。动作捕捉技术的广泛应用、虚拟制作与实时渲染技术的快速发展，以及人工智能在特效中的初步应用，都促使电影视觉效果达到了新的高度，并推动了电影特效技术的全面数字化。

### 3.4.1 动作捕捉技术的发展与普及

#### 1.《透明人》

2000 年，由保罗 · 范霍文（Paul Verhoeven）导演的电影《透明人》（*Hollow Man*）上映。这部电影特效镜头超过 560 个，其中包括首个解剖学上完全正确且全功能的 3D 计算机人体模型，精确到每一根毛细血管（图 3-46）。

图 3-46　首个解剖学上正确的 CGI 人体模型

影片讲述了才华横溢但凶残且疯狂的科学家塞巴斯蒂安 · 凯恩博士的故事。凯恩博士由凯文 · 贝肯（Kevin Bacon）饰演，他在自己身上测试了一种隐形血清，结果变得永久透明且疯狂（图 3-47）。电影中，凯恩隐形的变身场景展示了卓越的特效技术。

在拍摄过程中，为了实现透明效果，贝肯被涂上绿色、蓝色、黑色的化妆颜料，或者穿着全身紧身服。这些颜色可以与绿幕或蓝幕技术结合使用，以便在后期制作中通过计算机特效将这些部分移除或替换。例如，绿色用于模拟血液，黑色用于模拟水，蓝色用于模拟烟雾。通过这种方法，可以创建出透明或部分透明的效果，使观众能够看到"隐形"的角色。当隐形的塞巴斯蒂安被血液、水或烟雾覆盖时，他的轮廓便会显现出来，同时还能看到他的脚和手的印迹。

《透明人》的特效制作主要由索尼图形图像运作公司（Image Works）和蒂皮特工作室（Tippett Studio）完成。影片 9500 万美元预算中的约 5000 万美元用于视觉特效制作，数百名视觉特效艺术家参与了 CG 塞巴斯蒂安博士和许多隐形特效的制作。这项工作为 Image Works 未来的数字人类研究铺平了道路，并在《蜘蛛侠》系列电影、《极地特快》和《超人归来》等影片中得到了进一步的体现。

隐形前

隐形后

图 3-47　绿色紧身衣与透明特效

## 2.《指环王》

《指环王》三部曲（*The Lord of the Rings Trilogy*，2001—2003）由新西兰导演彼得 · 杰克逊（Peter Jackson）执导，是根据 J.R.R. 托尔金的同名长篇小说改编而成的奇幻冒险电影。这三部电影连续三年荣获奥斯卡最佳视觉效果奖，共计有近 2800 个视觉效果镜头。这些特效涵盖了动作捕捉、CGI、Massive 人工智能群组动画、数字合成、微缩模、背景绘画、特效化妆和摄影技巧（例如，强制透视）等，充分展示了视觉特效技术的卓越水平。

在第一部《指环王：护戒使者》（*The Lord of the Rings: The Fellowship of the Ring*，2001 年）中，使用了一种被称为"强制透视"（forced perspective）的特效，使甘道夫在镜头中看起来比小霍比特人更高大。这种效果是通过让甘道夫靠近摄像机实现的，同时还结合了制作不同比例的场景物件，甘道夫周围的物件比例较小，而霍比特人周围的物件比例较大。

比如，《指环王》中有一组镜头是巫师甘道夫和霍比特人弗罗多同坐一辆马车。实际上，拍摄团队建造了两辆马车，一辆是用于普通拍摄的马车，另一辆是用于强制透视拍摄的特殊马车（图 3-48）。特殊马车的设置是将霍比特人弗罗多的座位放在比巫师甘道夫更靠后的位置。然而，从特定的角度进行拍摄时，两者在镜头中呈现的距离看起来与普通马车中相仿。关键在于，尽管弗罗多实际上离镜头更远，但他的位置设置使得他在镜头中看起来与甘道夫距离相等。

此外，剧组还通过使用替身演员来改变角色的大小，霍比特人的替身演员身高仅为 1.2 米，他们在背面镜头中戴着假发，在远景正面镜头中戴着特制的硅胶面具。阿拉贡也有高大的替身演员，这样可以让霍比特人看起来显得更小。

图 3-48 用于强制透视拍摄的特殊马车

在《指环王：护戒使者》中，有一场令人印象深刻的对峙战斗，发生在卡扎督姆桥上。巫师甘道夫与炎魔对战（图 3-49），甘道夫喊道："你不能通过！"然后他将桥梁在炎魔脚下摧毁，但炎魔用火焰鞭缠住了甘道夫的一条腿，将他一起拖入深渊。炎魔是一个巨大的、牛头怪类型的怪兽，长着翅膀，武器燃烧着火焰。这个序列的制作步骤如下：首先，制作出炎魔的实体模型，并对其进行激光扫描。扫描完成后，将该模型重建成数字模型。接着，构建数字骨骼和肌肉系统，供动画师使用。最后，制作动画和火焰效果，并将演员的表演与计算机图像合成。

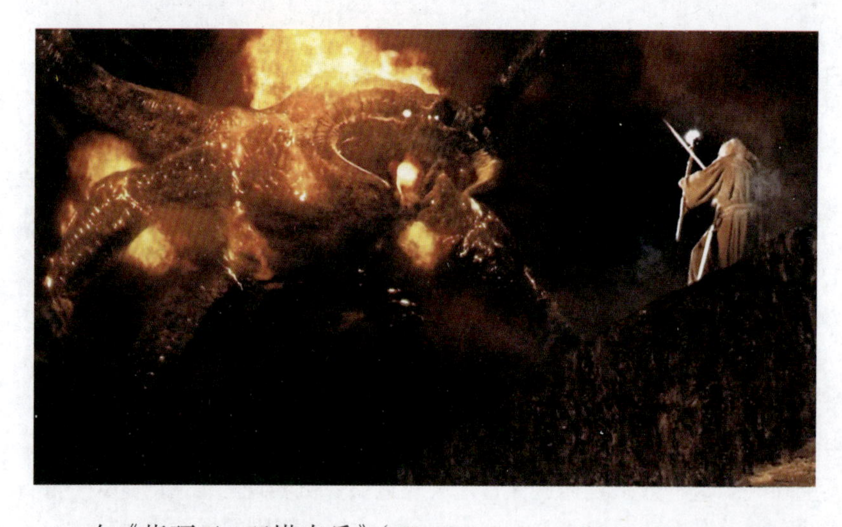

图 3-49
巫师甘道夫与炎魔对战

在《指环王：双塔奇兵》（*The Lord of the Rings: The Two Towers*，2002 年）中，咕噜的角色通过先进的电影技术得以呈现（图 3-50）。该角色通过捕捉演员安迪·瑟金斯（Andy Serkis）的动作和后期特效合成共同创作完成。这种结合 CGI 图像与动作捕捉的方式在当时是非常前沿的电影创作技术。咕噜的设计过程极为复杂，制作团队用了超过 1000 张绘图和 100 个雕塑才确定了角色的最终形象。动作捕捉套装记录了瑟金斯的动作和面部表情，然后将这些数据应用到数字角色上。

首先，安迪·瑟金斯穿着白色衣服与其他对戏演员进行表演，捕捉角色在具体场景中的表演和互动。接下来，制作团队在计算机中将瑟金斯的影像擦除，替换为咕噜的形象。然后，瑟金斯穿上带有反射标记的动捕服，再次独自表演一次（图 3-51）。最后，将瑟金斯的动作表演和面部表情数据加载到咕噜的 CG 模型上，使得咕噜的面部表情和细微动作更加逼真。通过这四个主要步骤，制作团队成功创造出了令人难以忘怀的咕噜角色。这一角色的成功不仅推动了动作捕捉技术的普及，也让观众在大银幕上看到了更多栩栩如生的 CG 角色。

图 3-50
咕噜

图 3-51
安迪・瑟金斯在《指环王》(2001) 中使用动捕设备扮演咕噜

在《指环王》三部曲中，电影级群集动画软件 Massive，为电影中的浩大战争场面提供了强大的技术支持。Massive 软件的发明者是维塔工作室的员工史迪芬・瑞杰勒斯（Stephen Regelous）。正是由于他的贡献，《指环王》三部曲中的战争场面才如此震撼人心。

Massive 软件的强大之处在于，它能够通过动作捕捉技术制造出具有“人工智能”的虚拟士兵。这些成千上万的士兵都是独特的个体，史迪芬・瑞杰勒斯赋予了他们随机的情感和个性，使他们能够自主行动。每个士兵会根据周围的环境和其他角色的行为作出相应的反应，表现出如同真实人物般的动作和情绪反应。每个虚拟角色拥有多达 350 种动作，如挥剑、跨步和闪躲等，某些角色还会因性格而表现出畏缩、害怕或愤怒等情绪。而且，这些角色在不同地形下会采用不同的移动方式，使战斗场面更为真实。

在《指环王：双塔奇兵》中，人工智能驱动的虚拟角色被用来创建大规模的数字化军队运动场景。邪恶巫师萨鲁曼在摩尔多尔前方检阅了 1 万名士兵，这些士兵随后在圣盔谷的战斗中进攻。在《指环王：王者无敌》中，为了表现米那斯提力斯的攻城战役、帕兰诺平原之战以及黑门之战，电影中创造了更多数量的数字士兵，这使得这些史诗般的战斗场面更加宏大和逼真（图 3-52）。

图 3-52
《指环王：王者无敌》中的帕兰诺平原战役

米那斯提力斯是《指环王》三部曲中制作的最大建筑实体模型，按照 122 : 1 的比例建造。它高 7 米，直径 6.4 米，包含了超过 1000 个手工制作的独立房屋。其他不同地段的街道和建筑物模型按 14 : 1 的比例建造，细节令人惊叹，甚至包括花盆和晾衣绳。

### 3.《蜘蛛侠 2》

《蜘蛛侠 2》（*Spider Man 2*，2004 年）是一部由山姆·雷米（Sam Raimi）执导的影片。这部电影不仅延续了第一部的成功，还在视觉效果方面取得了巨大的突破。凭借其卓越的视觉效果，《蜘蛛侠 2》赢得了奥斯卡最佳视觉效果奖，这一成就离不开视觉效果主管约翰·迪克斯特拉（John Dykstra）的贡献。迪克斯特拉曾在 1998 年凭借《星球大战》获得奥斯卡最佳视觉效果奖，他的经验和专业知识为《蜘蛛侠 2》增色不少。

《蜘蛛侠 2》的数字特效预算高达 5400 万美元，这一投入使影片在特效镜头的数量和质量上都达到了新的高度。影片中几乎包含了 600 个计算机生成（CG）镜头，尤其是在 CG 人类角色的表现上设定了新的标准。为了增加影片中 CG 角色的真实感，制作团队使用了来自南加州大学创意技术研究所的 Light Stage 设备，扫描了托比・马奎尔（蜘蛛侠）和阿尔弗雷德・莫里纳（八爪博士）的 CG 头部模型（图 3-53）。此外，八爪博士的触手则是通过真实模型和 CGI 技术的结合来实现的。

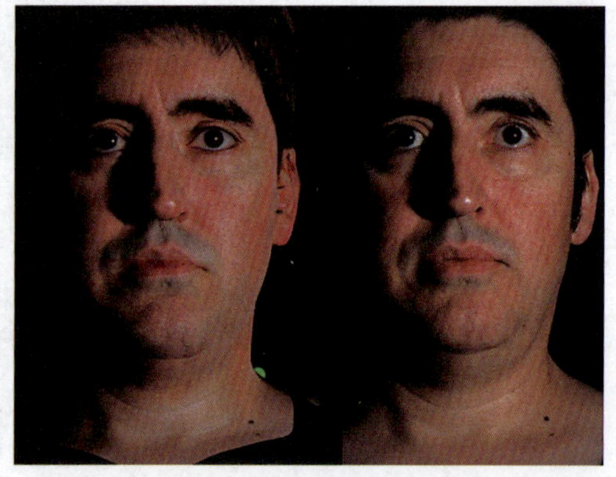

图 3-53　Light Stage 扫描设备和结果

在影片中，许多关键的动作场景使用了高度逼真的计算机生成数字替身。这些 CG 角色在面部表情和服装的无缝融合方面表现出色，给观众带来了极大的视觉冲击。为了制作出复杂又逼真的飞越城市的镜头，特效团队使用了被称为“Spider-Camera”的缆线安装摄像机拍摄真实世界中的飞越城市镜头。这种技术在第一部《蜘蛛侠》中有所应用，但在《蜘蛛侠 2》中使用得更加广泛。比如，Spider-Camera 能从 22 层高处向下延伸至离地面仅 0.3 米，再回到高处，捕捉纽约那些壮丽的建筑。这一壮举不仅使得电影中飞越纽约市的场景更加真实，还减少了对纯数字制作的依赖。

此外，影片的建筑物纹理贴图也得到了显著改进。特效团队在第一部《蜘蛛侠》中使用摄影测量法生成了一些纽约城市景观，而在《蜘蛛侠 2》中，他们改进了这一技术。摄影师团队在阳光不太强的时候拍摄纽约的建筑，目的是方便 CG 制作中修改贴图表面的光照信息，然后将这些纹理贴图贴在建筑物 CG 模型上，使建筑物的细节更加丰富和真实。特效制作公司 Image Works 的设计师们还通过高动态范围成像技术，改进了所有数字化布景内景以及白天和夜晚的实景效果，使其更加符合特定的视觉需求。Image Works 使用 Alias Maya 和 Side Effects Houdini 作为其 CG 制作流程的核心，并通过内部开发的工具集和专有的合成软件扩展其功能。

在影片的结尾部分，蜘蛛侠与八爪博士在码头上展开了一场激烈的战斗。这个场景主要由微缩模型、真人实景和 CGI 相结合来实现（图 3-54）。在拍摄微缩码头时，使用了真实水，同时还使用了 CG 水来增强效果。

图 3-54　微缩模型与 CGI 结合

### 4.《本杰明 · 巴顿奇事》

大卫·芬奇导演的《本杰明·巴顿奇事》（*The Curious Case of Benjamin Button*, 2008 年）凭借成功地展示了主角本杰明·巴顿（由布拉德·皮特饰演）在年龄逆转过程中的视觉效果，获得了奥斯卡最佳视觉效果奖。特效制作公司数字王国（Digital Domain）称，布拉德 · 皮特角色在电影前 52 分钟，325 个镜头中的头部完全是通过计算机生成的（图 3-55）。

图 3-55
把布拉德 · 皮特的表演精确地复制到 CG 头上

特效制作团队的目标不是通过动画来创造本杰明的表演，而是要把布拉德 · 皮特的表演精确地“复印”到 CG 头上。具体过程包括：①从布拉德·皮特和替身演员的真人铸模开始，创建三个逼真的小雕像，代表本杰明在 60 岁、70 岁和 80 岁的样子，并在不同光照条件下拍摄这些雕像，以研究光影效果。②对每个小雕像进行 3D 计算机扫描，以便在计算机中创建其精确的三维模型。③在片场替身演员穿着蓝色头套（用于后期 CG 处理）进行拍摄。④在计算机中模拟片场的照明条件，以确保 CG 角色与实际拍摄场景的光照一致。⑤使用 Mova/Contour 技术对布拉德的面部表情进行体积捕捉（volumetric capture），并创建微表情库。体积捕捉是一种先进的面部表情捕捉技术，它能够捕捉演员面部的三维形状和运动，生成高精度的表情数据。这种技术比传统的二维面部捕捉更加复杂和准确，因为它不仅仅记录面部的平面运动，还捕捉面部在三维空间中的所有细微变化。⑥用高清摄像机从四个角度拍摄布拉德的表演，并使用 Image Metrics 公司的图像分析技术获取动画曲线和时间点。⑦将表情库中的表情与布拉德的现场表演相匹配。⑧将表演和表情数据重新定位到所需年龄段的本杰明的数字模型上。来自 Mova/Contour 技术的三维表情数据被用作基础，确保 CG 角色的面部表情高度逼真和细腻。来自图像分析技术的动画曲线和时间点数据用来驱动这些三维表情数据，确保 CG 角色的面部动作和布拉德·皮特的表演完全同步。⑨通过手动画来调整表演，确保布拉德的表情与老年本杰明的面部特征相匹配。⑩开发专门的软件系统来模拟本杰明的头发、眼睛、皮肤、牙齿等细节。⑪开发软件以精确追踪替身演员和摄像机的动作，从而精确地将 CG 头部与身体结合起来。⑫将所有元素（包括动画、光照等）合成，完成最终的影片镜头。

### 5.《阿凡达》

詹姆斯·卡梅隆执导的电影《阿凡达》（Avatar，2009）是一部未来主义的史诗级 3D 真人电影，以其突破性的特效获得了奥斯卡奖。电影的预算超过 3 亿美元，其中大部分用于最先进的 CGI 技术和动作捕捉技术。

电影中的各种引人注目的元素包括：视觉上令人惊叹的外星星球潘多拉、植物和外星人纳美人的世界，以及计算机生成的蓝皮肤、原始外星人纳美战士公主涅提妮（佐伊·索尔达娜饰）和变成纳美人的人类杰克·萨利（萨姆·沃辛顿饰）。其中还有一种紫皮肤的掠食生物塔纳托尔（Thanator），它有光滑的黑色皮肤，带有黄色和猩红色条纹，锋利的牙齿，装甲般的头和尾巴，以及十根“感应刺”。

《阿凡达》的幕后视觉特效主要由维塔工作室（Wētā Workshop）和工业光魔负责。电影中大约 2/3 的镜头包含 CG 元素，甚至许多在真人拍摄场景中使用的道具也需要在后期制作中特效添加。当时，维塔工作室约有 900 人参与《阿凡达》的视觉特效制作。为了管理项目所需的大量数据，微软开发了一个新的云计算和数字资产管理系统，名为“Gaia”。该系统使工作人员能够实时跟踪和协调数字处理的各个阶段。

《阿凡达》引入了几项新的电影技术，包括 IMAX 3D、全 CG 动作捕捉（full CG motion capture）和虚拟摄像系统（virtual camera system）。这些技术后来成为电影行业的标准技术，这表明《阿凡达》对电影世界产生了重大影响。

詹姆斯·卡梅隆在《阿凡达》的制作中更喜欢使用“表演捕捉”这个术语（图 3-56），而不是“动作捕捉”，因为他认为“表演捕捉”更能体现出捕捉到的不仅是演员的动作，还有他们的整个表演过程。为了实现表演捕捉，演员们穿上了带有标记点的动作捕捉服，同时大约 140 台数字摄像机捕捉他们的身体动作。另外，还使用了安装在头盔上的微型摄像机来记录更细致的面部、眼睛和头部动作。演员们在一个开放的平台上表演，同时计算机实时生成他们的骨骼，以驱动 CG（计算机生成）角色的动作。

尽管动作捕捉技术已经使用了多年，但准确捕捉面部表情一直是一个技术难题。然而，维塔工作室的特效团队在制作《金刚》和《指环王》期间，特别是在创建咕噜这个角色时，积累了丰富的经验，使他们能够开发出一种非常准确地捕捉面部细节的方法。这种方法包括使用放置在离演员面部非常近的微型高清摄像机来捕捉面部表情。这些摄像机能够实时记录下人类眉毛的每一个细微曲线，并计算面部肌肉的运动和趋势。通过这种技术，动画师能够在 CG 角色上再现最逼真的面部表情。

《阿凡达》制作团队开发的另一项重要技术是虚拟摄像机（virtual camera）。虽然名字是虚拟摄像机，但它实际上并没有物理镜头，而是由计算机生成所有的图像数据。为了追踪虚拟摄像机的位置，团队使用了表演捕捉系统，实际上是在虚拟的 CG 世界中放置了一台摄像机。这项新技术使制作人员能够即时看到现场表演画面中的虚拟背景，并准确确定所需的最终图像（图 3-57）。通过虚拟摄像机，导演詹姆斯・卡梅隆能够实时预览特效。在表演捕捉过程中，他可以通过旁边的 LCD 屏幕看到饰演将近 3 米高的蓝色纳美人角色的演员在潘多拉星球上行走的画面。这就像一个强大的游戏引擎。如果导演想在空中飞行或改变视角，可以立即做到。甚至可以把整个场景变成一个 50 : 1 的模型并在其中穿行。

图 3-56 《阿凡达》中的“表演捕捉”装备

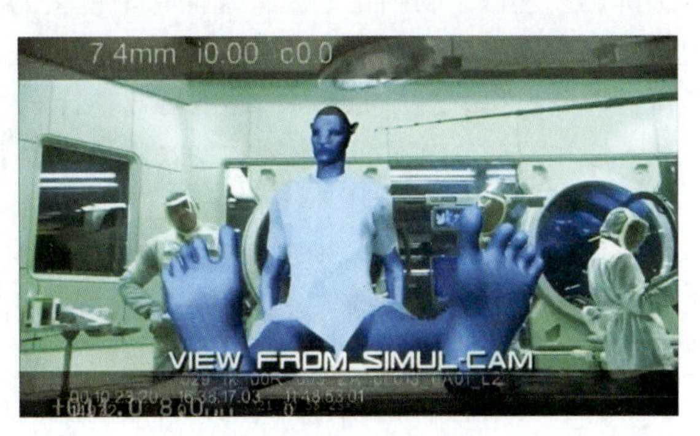


图 3-57　通过虚拟摄像机看到的画面

## 3.4.2　虚拟制作与实时渲染技术的发展

这一时期的电影制作流程中，后期特效制作开始前置（即视觉特效工作在电影制作的早期阶段就介入）。这主要得益于几项关键技术和设备的进步。

数字预视觉化技术（pre-visualization）让导演和特效团队能够在实际拍摄前，通过计算机动画来规划和预览场景。这种技术让团队可以提前确定镜头的构图、动作和效果，从而避免后期制作中的意外问题。

虚拟制作技术（virtual production）结合了实时渲染和虚拟现实，使得导演和演员在拍摄现场就能看到实时生成的特效背景。这种技术的应用使得特效团队可以在拍摄阶段就介入，而不是等待后期制作。

动作捕捉技术（motion capture）可以实时捕捉演员的表演，并将其应用于数字角色上，使得特效团队能够在早期阶段参与角色设计和动画制作。

LED 墙技术（LED walls）是另一项重要的进步，它能够在拍摄现场提供实时背景，而不需要在后期添加。这种技术不仅提高了拍摄效率，还使得特效团队可以在早期阶段就参与到布景和光照设计中。

实时渲染引擎（real-time rendering engines），如 Unreal Engine 和 Unity，能够在拍摄现场实时渲染复杂的特效和场景，使得导演可以即时看到最终效果，从而更好地指导拍摄。

增强现实（augmented reality）和混合现实（mixed reality）技术使得导演和团队可以在拍摄现场直接看到特效的预览，提高了拍摄效率和效果。

### 1.《地心引力》

导演阿方索·卡隆（Alfonso Cuarón）执导的科幻动作片《地心引力》(*Gravity*，2013) 赢得了包括最佳导演和最佳视觉效果在内的七项奥斯卡奖。该电影数字制作、计算机图像和视觉效果主要由 Framestore 工作室提供，并由提姆·韦伯（Tim Webber）担任视觉效果主管。

《地心引力》中使用了“预可视化”（Pre-Visualization）技术，这在影片制作过程中起到了至关重要的作用。导演阿方索·卡隆和制作团队在正式拍摄前，通过预可视化技术对整部影片进行了动画化处理，确保每个镜头的精准规划和执行。预可视化不仅用于规划，还生成了包含灯光、角色和摄像机位置信息的元数据，这些数据在拍摄过程中用于驱动机械臂、灯光和吊索，实现高精度的特效整合。

影片大部分内容都是由视觉特效艺术家数字创建的，包括所有的太空浩瀚景象、地球、卫星、航天飞机、哈勃望远镜、国际空间站（ISS）、碎片和宇航服。Framestore 公司在《地心引力》中采用了基于物理的光照和着色模型，以使电影中的视觉效果尽可能真实。项目使用的是 Arnold 渲染器，这与 Framestore 工作室之前使用的 RenderMan 流程有所不同。Arnold 渲染器擅长处理复杂的光照和材质效果，使得电影的视觉效果更加真实。

为了实现电影中的视觉效果，特效团队编写了 71000 行着色器代码。这些代码用于定义光照和材质的处理方式，以生成最终的图像效果。在《地心引力》中，灯光设计既考虑了真实感，也考虑了电影的视觉效果和叙事需求。特效团队在计算机中重新设计了灯光设备，使其类似于传统的灯光设备，有反光板和遮光板等。不受现实世界物理条件的限制，可以在虚拟环境中实现一些现实中无法实现的效果。

为了拍摄出太空中零重力环境下的失重效果，《地心引力》团队使用了 LED 光盒（Light Box）、安装在光盒内的类似于“篓子”的装置（图 3-58），以及装有 ARRI Alexa 摄像机的 IRIS 机械臂。光盒是一个高度超过 6 米、宽度为 3 米的立方体空间，主要演员桑德拉·布洛克（Sandra Bullock）和乔治·克鲁尼（George Clooney）在光盒内表演。光盒中有一个类似“篓子”的装置，演员可以站在里面，通过计算机控制旋转和移动。光盒就像面向内的巨型电视屏幕，由 180 万个 LED 灯组成，可以通过编程精确地控制光线的方向、强度、颜色和移动速度。这些灯是朝向内侧的，包围着演员和拍摄区域，可以显示出电影所需的背景和光照效果。演员可以亲眼看到由 Framestore 公司使用 CGI 技术制作的数字背景，从而知道自己所处的环境，而不是像在蓝屏前那样需要想象环境（蓝屏技术通常需要演员在没有实际背景的情况下表演，他们必须凭想象来感受环境）。另外，光盒还用来帮助创造出类似太空中极端的环境的光影效果。IRIS 机械臂可以精确地控制摄像机的移动和角度。通过摄像机运动和光盒灯光的组合方式，可以准确地拍摄出演员的表演（图 3-59）。

图 3-58
光盒、摄像机机械臂以及“篓子”装置

图 3-59
光盒屏展示空间站的内部影像，并为演员提供灯光

另外，为了模拟零重力，《地心引力》团队还使用了由 12 根线组成的装置，通过 4 个不同的点将演员固定，每个点有 3 根线连接，以确保演员在三维空间中的位置准确且稳定。拍摄过程中演员的移动可以由预先编程好的计算机控制，或者由特技操作团队现场操控。

在拍摄《地心引力》时，现场设置与普通的拍摄现场非常不同。比如，拍摄桑德拉·布洛克的太空飘浮场景时，整个舞台是一个光盒，里面有轨道和安装在 IRIS 装置上的机械臂，机械臂上固定着一台 ARRI Alexa 摄像机。不再需要额外的设备或复杂的服装，只需要演员、光盒、创意人员和技术人员。

### 2.《奇幻森林》

乔恩・费儒（Jon Favreau）执导《奇幻森林》(*The Jungle Book*, 2016) 获得了奥斯卡最佳视觉效果奖。获奖者包括：视觉特效主管罗伯特・莱加托（Robert Legato），动画主管安德鲁・R. 琼斯（Andrew R. Jones），Weta 视觉特效主管丹・赖蒙（Dan Lemmon），以及负责本片主要视觉特效工作的伦敦总部 MPC（Moving Picture Company）公司的视觉特效主管亚当・瓦德兹（Adam Valdez）。

从虚拟摄像机和计算机模拟到数字角色，该影片使用了最新的电影制作技术，为观众创造了无缝的体验。让人丝毫感觉不到这部电影完全是在洛杉矶的摄影棚内拍摄，而不是在真正的丛林中（图 3-60）。

图 3-60
蓝布舞台上的拍摄现场

在《奇幻森林》的摄制过程中，整个拍摄需要通过创建详细的计算机动画进行精心的预先规划。首先，在动作捕捉舞台上捕捉人类演员模仿动物的动作。这些动作捕捉数据只是一个草拟阶段，用于初步设计场景的动作。动画师们在此基础上创建更详细的动画，以精细化动作，然后在计算机中预先为每个场景布光，这样就得到了用于拍摄计划的样片。

与《阿凡达》和《地心引力》一样，在《奇幻森林》的制作过程中，虚拟摄影技术被广泛应用。微软基于 Unity 引擎开发的 Photon 电影工具为摄影棚中拍摄的内容提供了实时渲染功能。这样，真人小演员尼尔·塞西（Neel Seth）在蓝幕物体上的表演能够与计算机生成的动物及背景实时合成（图 3-61）。导演和摄影师能够预览和调整每个镜头，并指导小演员的表演。

图 3-61
工作人员通过监视器看到合成效果

照片般真实的丛林和所有的动物都是在拍摄结束后通过计算机生成图像创建的。MPC 公司在制作《奇幻森林》时生成了 1984 TB 的数据，并使用了 2.4 亿小时的渲染农场时间（图 3-62）。他们创建了 54 种动物物种，并在 284 个独特的场景中使用了约 500 种不同的植物，这些都是基于团队在印度拍摄的数十万张参考照片制作的。仅 MPC 公司就有超过 800 名艺术家参与了这部电影的制作。

虽然尼尔·塞西是该片中唯一的真人演员，但特技镜头通常使用数字替身来完成。首先通过南加州大学创意技术研究所（USC ICT）的 Light Stage 设备进行扫描，然后由 MPC 公司制作数字替身。

图 3-62
毛克利与路易王

### 3.《登月第一人》

达米恩·查泽雷（Damien Chazelle）执导的电影《登月第一人》（*First Man*，2018）获得了奥斯卡最佳视觉效果奖。电影《登月第一人》中使用了各种视觉特效技术，包括 LED 屏幕、实际特技和布景、模型和微缩模型、修复的档案历史影像。该片的视觉特效主管是凭借《银翼杀手 2049》（*Blade Runner 2049*）获得奥斯卡最佳视觉效果奖的保罗·兰伯特（Paul Lambert），还有特效主管 J.D. 施瓦姆（J.D. Schwalm）和微缩特效主管伊恩·亨特（Ian Hunter）。

在电影《登月第一人》中，使用的 LED 屏幕成为电影史上最大的屏幕，其上展示了 90 分钟的渲染画面（图 3-63）。这个 LED 屏幕对视觉特效工作至关重要。制作团队建造了一个高约 10.7 米、宽约 18.3 米、呈 180° 的半圆形屏幕，将内容投影到屏幕上，通过摄像机拍摄即为电影中的效果。通过使用这个 LED 屏幕，能够实现通常需要绿幕或蓝幕才能完成的效果。

图 3-63
X-15 飞机模型在 LED 屏幕前被拍摄

在电影《登月第一人》中，有一个 X-15 飞机测试飞行的镜头。瑞恩·高斯林（Ryan Gosling）饰演的尼尔·阿姆斯特朗穿越大气层进入太空，但又被大气层弹回，险些丧命。当瑞恩驾驶 X-15 中突破大气层时，观众在他的头盔面罩上看到的地平线反射实际上是来自 LED 屏幕的真实反射。此外，观众还能看到他眼球中的反射（图 3-64）。如果这个镜头是在蓝幕或绿幕上拍摄的，将需要花费大量时间来实现这些视觉效果。因为从合成特效的角度来看，要让复杂的眼睛反射看起来真实是相当复杂的事情。而使用 LED 屏幕可以轻松实现这种效果（图 3-65）。

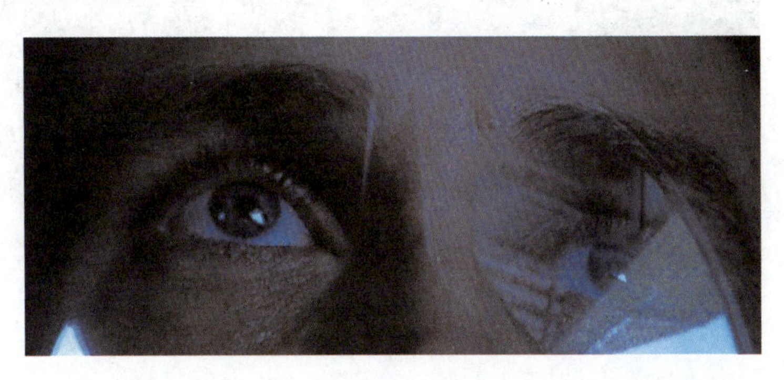

图 3-64
眼睛和头盔面罩上的反射

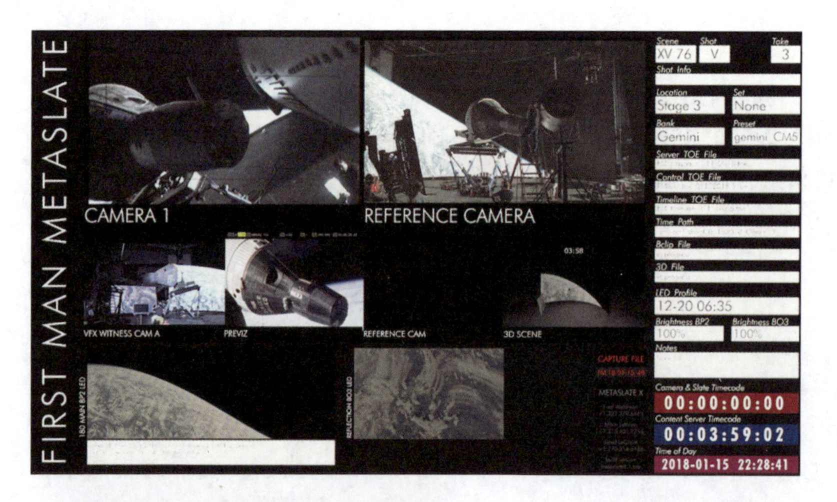


图 3-65
LED 屏幕在电影《登月第一人》中被使用的各种方式

图 3-66
NASA70 毫米阿波罗 14 号发射时的档案影像

在制作《登月第一人》中的飞行场景时，制作团队采用了一种创新的方法，即寻找和优化历史档案影像（图 3-66）。制作团队了解到，每次阿波罗发射都会有一些工程摄像机对准飞船的不同部分。这些视频记录了排气、夹具或火箭的一部分，目的是在发生事故时让 NASA 的科学家和工程师能够分析问题并修复。这些视频存放在美国各地的军事基地，制片人凯文·埃拉姆（Kevin Elam）找到了它们，并将其中一些交给了视觉特效团队使用。通过清理和剪辑这些旧影像，并且提高品质使其看起来非常清晰，然后再降级这些影像以匹配《登月第一人》的视觉效果，使其就像是当天拍摄的一样（图 3-67）。因此，在发射序列中，有多个镜头使用了这些旧影像。

图 3-67 用 CG 烟雾和天空扩展了两侧的最终合成图像

《登月第一人》中使用了实际模型元素来表现一些关键的太空飞行器，这些实际模型根据景别融入电影。如果是特写镜头，就会使用全尺寸或约 80% 的全尺寸模型版本。如果是中景镜头，则会使用 1/6 比例模型。如果是广角镜头，则可以使用 CG。

在拍摄登月场景时，电影《登月第一人》避免使用绿幕。阿姆斯特朗和巴兹·奥尔德林（科里·斯托尔饰）最终的月球行走场景是在亚特兰大郊外的一个采石场拍摄的，并使用了 IMAX 技术。为了真实再现月球表面，地面覆盖了与月球表面相匹配的特定砾石，还建造了一个全尺寸的登月舱（LEM）。

通常情况下，视觉特效的制作是在实景拍摄后才出现的。然而，在《登月第一人》中并非如此。在这部电影中，团队花了大量时间规划场景、建造模型和准备 LED 影像，这意味着视觉特效的制作在早期就进行了。特别是与 LED 回放相关的方面，电影制片人在拍摄现场有实际的参考物，而不是在绿幕上想象。这种提前规划和准备的做法，使得特效团队可以更早地介入拍摄过程，确保视觉效果的完美呈现。

### 4.《爱尔兰人》

2019 年，由马丁·斯科塞斯（Martin Scorsese）执导和制作的电影《爱尔兰人》（*The Irishman*）上映。该片因其创新性的抗老化效果，获得了奥斯卡最佳视觉效果奖提名。

这部电影的故事发生在 1949—2000 年之间，时间线在不同阶段之间来回跳跃。由于演员需要扮演不同年龄阶段的角色，使他们看起来年轻几十岁是项目的主要挑战之一。工业光魔特效制作团队结合了三摄像机拍摄系统、去老化软件 Flux、计算机学习等方法，成功地将罗伯特·德尼罗（Robert De Niro）、乔·佩西（Joe Pesci）、阿尔·帕西诺（Al Pacino）三位演员呈现为年轻时光滑皮肤的模样。工业光魔特效制作团队最终制作了 1750 个视觉特效镜头，这些镜头占据了《爱尔兰人》210 分钟片长中的两个半小时，相当于一部完整的电影。

在影片拍摄过程中，巴勃罗·赫尔曼（Pablo Helman）带领的工业光魔团队设计了一款由三台摄像机组成的摄像组合，Red Helium 主摄像机位于中间，两侧各有一台 ARRI Alexa Mini 摄像机（图 3-68 左图）。中间的主摄像机拍摄导演看到的内容，两侧的辅助摄像机仅获取红外影像（图 3-68 右图），红外影像可以记录更高密度的空间立体信息，用于后续在软件 Flux 中精确重建和定位面部模型，并为后期处理提供光照支持。这种相机结构用于收集原本需要脸部标记点来采集的数字信息，方便在后期制作中能够更准确地还原三维模型，重建演员年轻时的景象。

图 3-68　三台摄像机结构与红外拍摄镜头

通过这种方法，不需要在演员脸上粘贴标记点，也能有效捕捉演员的面部表情和动作。这一新方法比传统的面部标记更能还原面部运动，因为传统的面部标记方法由于标记点数量有限（不会满脸都贴满标记点），无法捕捉所有细微表情。而新方法则利用数百万像素，实现了更高质量的面部捕捉效果。

在完全不佩戴任何头戴式设备和标记点完成拍摄之后，整个数字减龄视效技术的核心还是在于工业光魔的专利软件 Flux 中的制作。Flux 名称中的“F”代表“面部”，“lux”代表“光线”。该软件能够从三台摄像机拍摄的画面中获取人物表演的光线及纹理数据，并将其转化为由计算机生成的 3D 模型。处理面部光线的明暗变化，捕捉微妙的细微差别，小到一丝颤抖，鼻子上的一抹皱纹等都是关键信息。通过处理之后合成演员表演的年轻化版本。

在《爱尔兰人》正式制作开始之前，工业光魔团队收集了三位演员以前的电影图像，重点关注他们在《爱尔兰人》中需要扮演的年龄段，并整理成数据库。在主要摄影完成后，工业光魔的人工智能程序将 Flux 软件渲染的减龄序列与演员年轻时的银幕形象进行比较，以确保一致性（图 3-69）。

图 3-69
原始拍摄素材（左）与最终渲染效果（右）

### 3.4.3 人工智能在特效中的初步应用

微课视频

詹姆斯·卡梅隆在过去四十多年里，通过《泰坦尼克号》《终结者》和《阿凡达》等代表作，将先进技术与卓越的叙事才能相结合，深刻地影响了电影行业。他在计算机生成图像（CGI）和数字特效方面的创新，彻底改变了电影制作的方式。在《阿凡达：水之道》（*Avatar: The Way of Water*，2022）中，卡梅隆继续保持这一创新传统，带领他的团队在数字电影摄影、表演捕捉和视觉特效技术上不断突破，为观众带来了逼真的水下视觉效果体验。《阿凡达：水之道》获得了 2023 年奥斯卡最佳视觉效果奖。

参与《阿凡达：水之道》制作的 Weta 的特效主管乔·莱特里（Joe Letteri）介绍，《阿凡达：水之道》是 Weta FX 参与过的最大规模的视觉特效项目。影片中仅有两个镜头没有任何特效，共处理了超过 4000 个镜头，最终成片中有 3289 个镜头，其中 3240 个由 Weta FX 完成，包括 2225 个水下镜头，其他约 120 个镜头由 ILM 负责。影片总数据量达到 18.5 PB，是原版《阿凡达》的 18.5 倍，约 40% 的渲染工作在云端完成。项目中核心团队约 500 人，总共约 1800 名艺术家和工作人员参与。通常一个电影项目可能只有一两个特效主管和动画主管，但该片需要 10 个特效主管和 9 个动画主管。自 2017 年开始进行动作捕捉，并立即开始特效准备工作，包括模型构建和角色研究。

在制作《阿凡达：水之道》时，面对大量角色和特效的创建，最大的挑战在于角色的表演和情感传达。Weta 团队为了更好地理解和表现情感，开发了一款新的软件 APFS，用于细致地捕捉和动画化面部表演（图 3-70）。这款软件帮助团队深入了解角色表演中面部细节的变化及其情感传达，解决了 30 个主要的 CG 角色和超过 3000 个面部表演的跟踪和动画制作问题。

图 3-70 《阿凡达：水之道》面部表情捕捉

《阿凡达：水之道》中的大部分场景设置在水下，这带来了巨大的挑战。为此，团队开发了用于水下表演捕捉的新技术（图 3-71）。制作团队在水下和水面上都设置了拍摄区域，并解决了在水面下和水面上的不同光线频率和折射问题，使角色能够在一段连续动作中自由地出入水面，并捕捉到完整的表演。

图 3-71 《阿凡达：水之道》水下动作捕捉与摄影

处理水的效果至关重要，特效团队重建了整个模拟方法，并在新的内部 Loki 框架中使用了全局模拟方法。这样不仅能够处理水，还包括皮肤、布料和头发等纹理。特效团队还开发了新的“深度合成”系统，能够在摄像机内实时合成，而不使用绿幕或蓝幕，从而在拍摄现场就能获得将现场拍摄的实景和 CG 元素混合在一起，获得接近最终效果的画面（图 3-72）。

图 3-72
《阿凡达 2：水之道》水下画面效果

此外，詹姆斯·卡梅隆透露，他在制作《阿凡达：水之道》等电影时使用了人工智能技术。在过去八年左右的时间里，其一直利用深度学习（Deep Learning）生成算法，这些算法不仅加快了电影制作的进程，还提升了工作质量。

电影特效在短短一百多年里取得了令人难以置信的进步。从最初的基本摄影技巧演变为能够实现任何想象场景的逼真数字幻象。毫无疑问，特效将随着科技的进步继续发展，为电影带来更多可能性。特别是在电影特效制作中，人工智能的作用将越来越大，它将大幅提高特效的创造速度和复杂性，带来前所未有的创新。

思考：通过学习上面的案例，你认为数字特效技术的全面数字化是如何影响电影制作流程的，并如何促进电影艺术的创新与发展？

**思考与练习**

选择詹姆斯·卡梅隆、雷·哈里豪森或其他在电影特效技术方面有所创新的电影制作人，撰写一篇 300 字以上的文章，分析其技术创新对电影行业发展的影响。

# 技术渊源：特效视频的创意融合

## 4.1 AIGC 技术的创新应用

### 4.1.1 AIGC 文生图

在 AIGC 中，文生图是最基本的应用方式之一，是指通过输入指令，并在 AI 绘图工具中设置好参数、风格等数据，便可以在极短的时间内产出大量的平面作品，供创作者选择修改。因此，掌握文生图的操作方法是创作者在 AI 绘图学习道路上的关键一步。

尤其是近年来，随着人工智能技术的迅猛发展，市面上涌现出了众多文生视频软件。例如：天工开物大模型、Midjourney、Stable Diffusion、Dreamina 即梦、无界 AI、PhotoStudio AI 等，如图 4-1 所示。这些软件通过自然语言描述或文本输入，能够自动生成与之对应的视频内容，极大地丰富了视频制作的手段和方式，使得视频制作变得更加高效、便捷和富有创意。

随着 AIGC 技术的日益发展，也有国内网站外接此类大模型数据库，方便国内用户登录与操作。比如“Midjourney 国际版”，它分别嵌入 Midjourney 和 Stable Diffusion, 在该网站中，可以使用中文描述，并使用 AI 协助扩充描述词，输入描述词后自动英文转译，另外界面自带操作“提示词”，让操作变得更为便捷，如图 4-2 所示。

图 4-1　常用 AI 图像工具

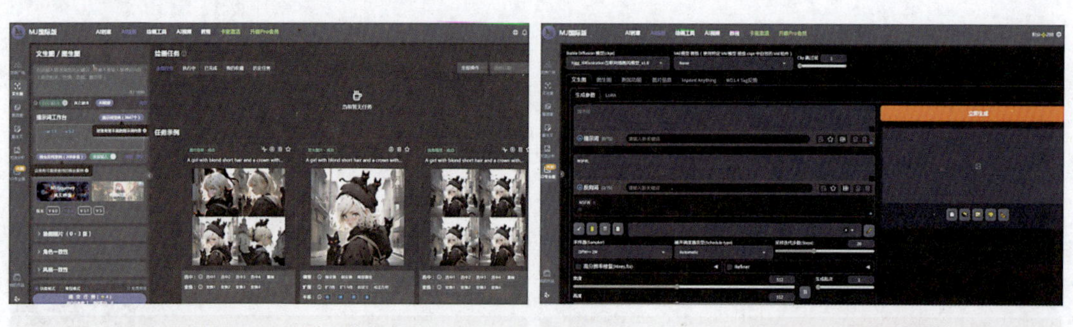


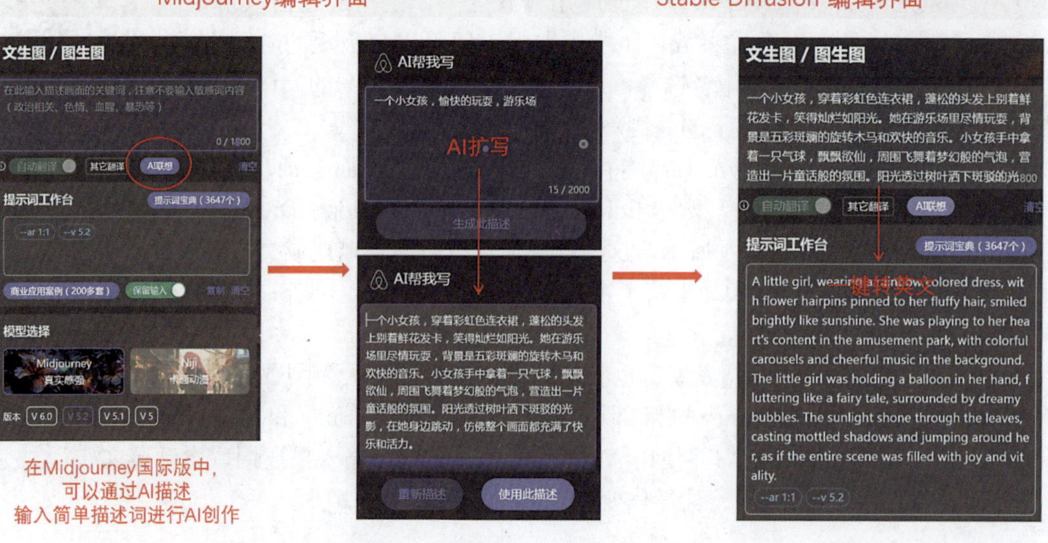


图 4-2　Midjourney 国际版

山东工艺美术学院的“天工开物”也是大模型网站的集成数据库，可以通过站内账号登录轻松使用各类 AI 软件。本章将以天工开物、Midjourney、Stable Diffusion、即梦 Dreamina、神采 Prome 为例进行详细介绍。

### 1. 天工开物大模型

天工开物大模型在工艺美术、陶瓷、剪纸等民间艺术形式作品的生成上，具有较大的数据量和识别准确性。

在登录“天工开物大模型”后，便可以在左边操作栏中找到绘图中心，如图 4-3 所示。

因为天工开物大模型对接了 MJ 绘画、SD 绘画、意间 AI 等多种绘画通道，创作者可以根据自己的创作需求在文字框输入关键词，选择合适的尺寸和模型。

单击“立即生成”，稍等片刻便可以生成所需的 AI 图片。

图 4-3　天工开物大模型平台

### 2. Midjourney

1）运用英文关键词生成图片

在 AI 绘图软件中，用户习惯性地将关键词称为“咒语”。用户可以通过在页面下方的输入框中输入 /（正斜杠符号），在弹出的列表框中选择 imagine（想象）的指令，并且根据创作者的创作想法输入关键词，如：“Forest, Running Beasts, Trees, Oil Painting Style, Realism（原始森林、奔跑的野兽、树林、油画风格、现实主义）”，如图 4-4 所示。

按 Enter 键确认，便可以看见 Midjourney Bot 开始运行的界面，等待一会儿，便会生成 4 张对应的图片。

图 4-4　Midjourney 官网

2）针对单张图片进行精细化处理

在生成的 4 张图片中，我们看到有图片符合创作要求，那么便可以开始对其进行精细

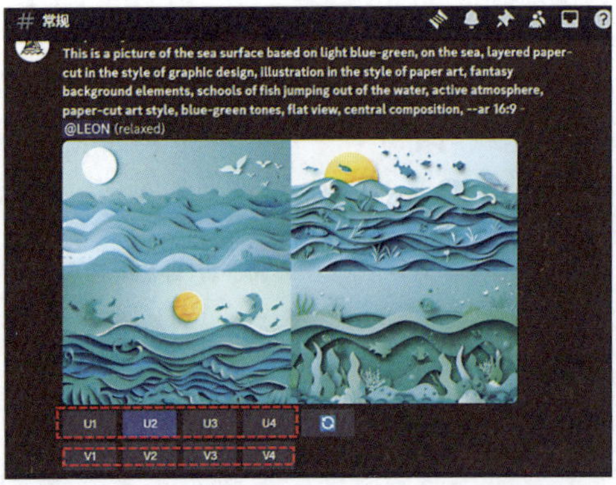

化处理。

在生成的 4 张图片下面会出现 U1~U4 的按钮，这指的是从左到右、从上到下的 4 张序号分别是 U1、U2、U3、U4，单击其中一个按钮，便会出现这张图片的放大效果。单击放大图片下方的 Make Variations（作出变更）按钮，就可以此图为标准，重新生成类似风格和画面要素的 4 张图片。

当然也可以单击图片下方的 V1~V4 的按钮，来实现变更效果，如图 4-5 所示。

图 4-5　Midjourney 图像生成

当我们生成了符合创作要求的图片后，便可以单击照片，出现缩略图，再单击“在浏览器中打开”链接，右击选择“图片另存为”的命令，便可以将图片保存在计算机的指定位置中了。

3）提取图片关键词

在 Midjourney 中，创作者可以使用 /describe（描述）指令获取图片的关键词，来更好地调整关键词输入的准确性。

在 Midjourney 中下方的文字框中输入 /describe（描述）指令，然后单击“上传”按钮，上传相应的照片，按 Enter 键确定，便会出现 4 段关键词内容，如图 4-6 所示。

图 4-6　Midjourney 提取图片关键词

创作者可以根据创作需求选择复制其中合适的关键词，通过 /imagine 指令生成 4 张新的图片。

### 3. Stable Diffusion

文生图是 Stable Diffusion 中的一种绘图模式（图 4-7），它可以通过选择不同的模型、填写提示词和设置参数来生成我们想要的图片。下面是文生图的基础操作流程。

1）选择模型

在文生图界面中，可以从可用的模型列表中选择一个适合自己需求的模型。不同的模型有不同的画风和特点，可以根据你的喜好和需求进行选择。

2）填写提示词

在文生图界面中，需要填写一些提示词来指导生成的图片内容。这些提示词可以是具体的物体、场景或者是一些抽象的概念，根据你的提示词，模型会尽量生成符合你要求的图片。

提示词分为正向提示词和反向提示词，正向提示词就是告诉 AI 想要什么，反向提示词就是不想要什么。目前 Stable Diffusion 提示词需在英文输入法下进行输入，或借助翻译软件，词组间使用英文逗号进行分隔，不需要完整的一句话。除了部分特定语法外，大部分情况下字母大小写和断行也不会影响画面内容。

提示词的详细与否，直接影响图片生成的质量与最终想要的效果，可将提示词分为几大类：人物特征、环境特征与画质提示词。在 Stable Diffusion 中，提示词是有权重的（权重：重要程度占比关系），方法如下：在英文输入法下将提示词用括号括出，此时提示词的权重会增加 1.1 倍，也可套多层括号，每套一层就再乘 1.1 倍；或给提示词加大括号，此时提示词权重增加 1.05 倍，调节效果较为轻微；而添加方括号可减少提示词的权重，此时提示词权重被消除为原来的 0.9 倍，如图 4-7 所示。

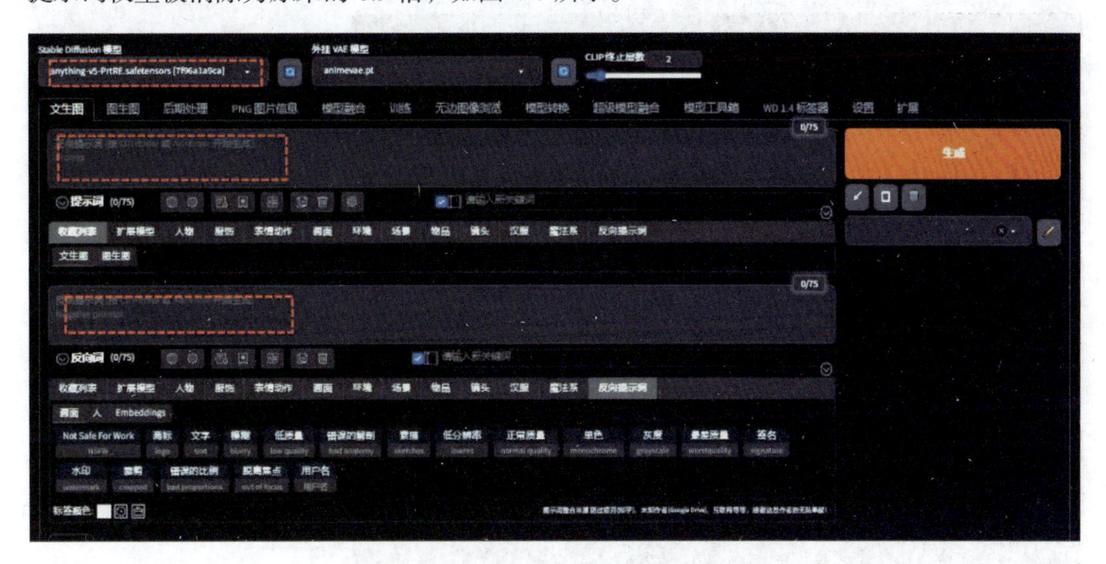


图 4-7　Stable Diffusion 界面

3）设置参数

文生图界面中还提供了一些参数设置选项，你可以根据需要进行调整。这些参数可以影响图像的预设属性，如颜色、饱和度、清晰度等，可以根据自己的需求进行调整，如图 4-8 所示。

4）单击生成

完成上述步骤后，你可以单击生成按钮来生成图片。模型会根据你选择的模型、填写的提示词和设置的参数来生成一张图片，你可以在生成结果中进行查看和调整。

### 4. 即梦 Dreamina

Dreamina 是由字节跳动抖音旗下的剪映推出的一款 AI 图片创作和绘画工具，旨在帮助抖音的图文和短视频创作者进行内容创作，用户只需输入提示描述，即可快速将创意和想法转化为图像。该工具是一个多风格的 AI 绘画神器，可以进行动漫、写实、摄影、插画等不同风格的图像生成，如图 4-9 所示。

图 4-8　Stable diffusion 参数调整

图 4-9　即梦 Dreamina 界面

## 5. 神采 Prome

神采 PromeAI 拥有强大的人工智能驱动设计助手和广泛可控的 AIGC 模型风格库，它的控制性更强，经常用于建筑、服装、平面、插画等作品的草图绘制渲染。其操作较为简单，在网页中选择需要创作图片的方式，根据菜单提示区域上传图片、输入提示词并单击“开始生成”即可，如图 4-10 所示。

## 6. 无界 AI

无界 AI 集 prompt 搜索、AI 图库、AI 创作、AI 广场、文字及图片等为一体，提供一站式 AI 搜索、创作等服务。该网站也具备基本的文生图功能。只需在“AI 创作”界面中输入描述词选择面幅，单击生成即可。

图 4-10
神采 PromeAI 界面

## 4.1.2　AIGC 图生图

微课视频

创作者在进行 AI 图片生成的过程中，经常因为“咒语”输入的差异性或准确性而不能生成符合要求的 AI 作品。这个时候我们就会运用“图生图”的方式来创作作品，也就是创作者们常说的“垫图”。“图生图”的基本原理就是运用创作者上传的模型图中的画面信息，如色彩、构图、画面元素、风格等信息，来产生一种创作倾向上的固定性，同时配合关键词的辅助对画面进行重塑。在 AI 绘图中，“图生图”是创作者最常用到的一种创作方式。上文讲到的 Midjourney、Stable Diffusion、即梦 Dreamina 仍然具有图生图功能。

### 1. Midjourney

打开 Midjourney 操作页面，单击文字输入框左侧的 **+** 号按钮，单击“上传文件”选项。

在计算机中找到上传的图片，单击打开它。这时所选图片便会出现在输入框中，按 Enter 键确定。

界面中会出现上传的图片，在上传图片上右击，选择“复制链接”选项，在输入框中输入 /imagine 并粘贴链接，之后空一格再输入创作者所需要的创作关键词，按 Enter 键确定。

稍等片刻，便会出现 4 张根据“垫图”所生成的图片，如图 4-11 所示。

### 2. Stable Diffusion

打开 Stable Diffusion 操作页面，首先需要上传图片，也可以将图片直接拖动到指定区域上传。

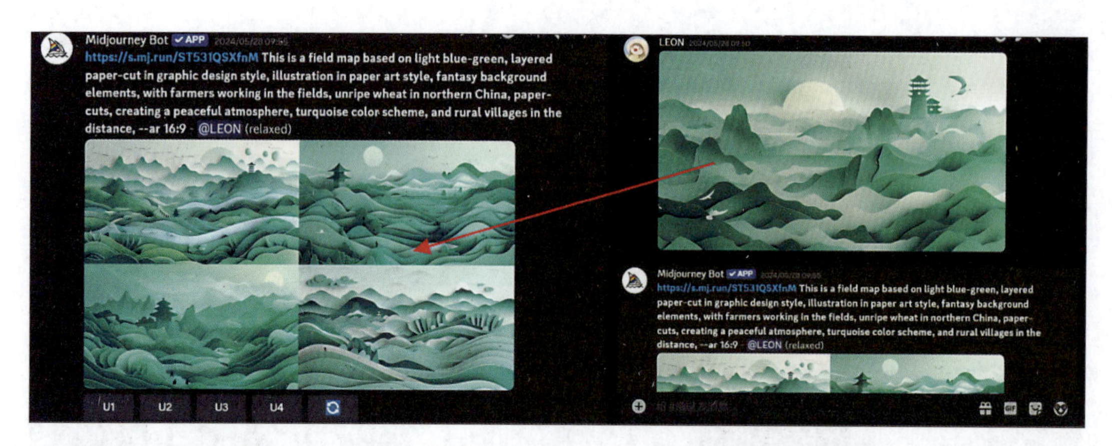


图 4-11　Midjourney 图生图

同文生图一样可以写一些提示词进行上传图片的内容描述，如人物特征；或不使用提示词，单击 CLIP 反推会自动生成一些提示词。

页面下方同文生图的参数设置一样，可根据自己的需求调节不同的颜色、饱和度、清晰度等。

重绘幅度的参数设置与生成图片的效果相背离，数值越高，生成的图片与我们上传的图片差距越大。

分辨率设置时要注意与上传照片的一致性，如果原图过大，需要等比缩放分辨率，过大的图片分辨率会导致爆显存的情况发生。当新设置分辨率与原图尺寸不同时，Stable Diffusion 会在原图尺寸上进行拉伸，容易变形。或者直接拖动滑块，使画面红色区域与原图基本一致。

设置好相应参数后单击界面右上角的“生成”按钮即可，若图片不符要求，可以修改图片提示词，例如增加一些风格、色调或光线一系列的提示词；或修改重绘幅度；或修改大模型来重新生成。

### 4.1.3　AIGC 图混图

微课视频

在常规创作中，如果创作者要将多张照片的风格统一，则需要花费大量的时间和精力。而在 AI 绘图软件中，只需要输入几个指令，便可以轻松将其融合，这便是“图混图”功能。

在 Midiourney 中，在 Midjourney 下面的输入框中输入“/”，在弹出的列表框中选择 /blend 指令，执行操作后，出现两个图片框，单击左侧的上传按钮。

在计算机中找到相应照片的位置，单击“打开”按钮，完成上传，用同样的操作方法再次添加一张图片。

如果需要添加更多的照片，则可以选择 optional/options（可选的 / 选项）字段，上传其他所需的照片，但在 /blend 指令中，最多可以处理 5 张图片。

完成上传工作后，连续按两次 Enter 键，Midjourney 会自动完成图片的混合操作并生成 4 张新的图片，创作者可以根据创作要求挑选照片并做进一步的修改和保存工作。

## 4.1.4　AIGC 图生视频

在 AIGC 领域中，有多个平台和工具提供了图生视频（text-to-video）的功能，利用先进的人工智能技术，根据图片生成相应的视频内容。这些工具广泛应用于内容创作、教育、营销等领域。以下是几款常见的 AIGC 图生视频工具：Runway、即梦 Dreamina、Pika Labs、Luma AI。

### 1. Runway

Runway 是一款功能强大的 AIGC 图生视频工具，自发布以来，Runway 迅速发展，其中包括视频生成器 Runway AI。Runway AI 包括两个主要工具：Runway Gen-1 和 Runway Gen-2。Runway Gen-1 是一个 AI 视频到视频的生成器，而 Runway Gen-2 是一个 AI 文本/图像到视频的生成器。这些工具允许用户通过提供不同的提示来创建新内容，极大地降低了创作成本和时间。它支持多种图像处理和视频生成功能，能够帮助用户快速将图片转化为高质量的视频。Runway 拥有直观的用户界面和丰富的模板库，用户可以根据自己的需求选择适合的模板，并通过简单的操作生成专业的视频内容。以下是 Runway 图生视频操作步骤。

进入首页，单击 Try it now 按钮，如图 4-12 所示。

图 4-12　Runway 官网

单击 Upload a file 上传图片，在工作区可以只输入图片作为提示词，也可以只输入文本作为提示词，还可以两者同时输入一起来控制视频的生成，如图 4-13 所示。

单击设置按钮，设置视频相关参数。

单击运动幅度按钮，调节视频物体的运动幅度，设置 General Motion 大小，范围 1~5，值越大，视频运动幅度越大。如果有人物，建议幅度设置为 1~2，不然人物会变形。

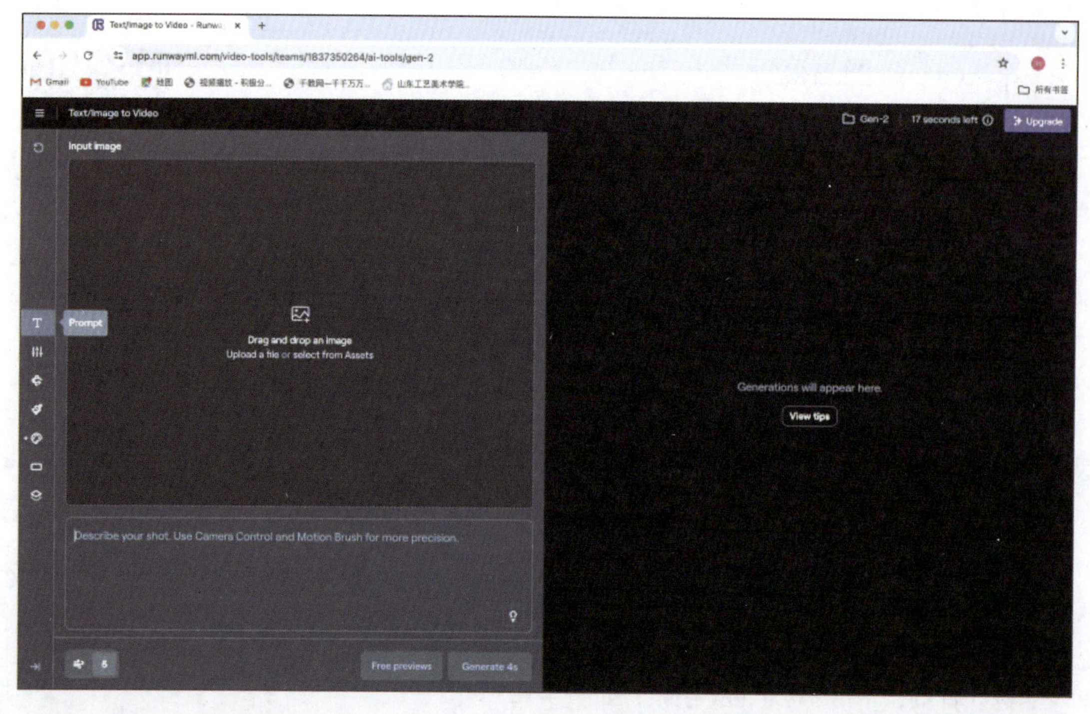


图 4-13 Runway 操作界面

单击 Camera Control 按钮，设置镜头运动的相关参数，控制镜头的水平移动、垂直移动、翻转、倾斜和放大等，如图 4-14 所示。

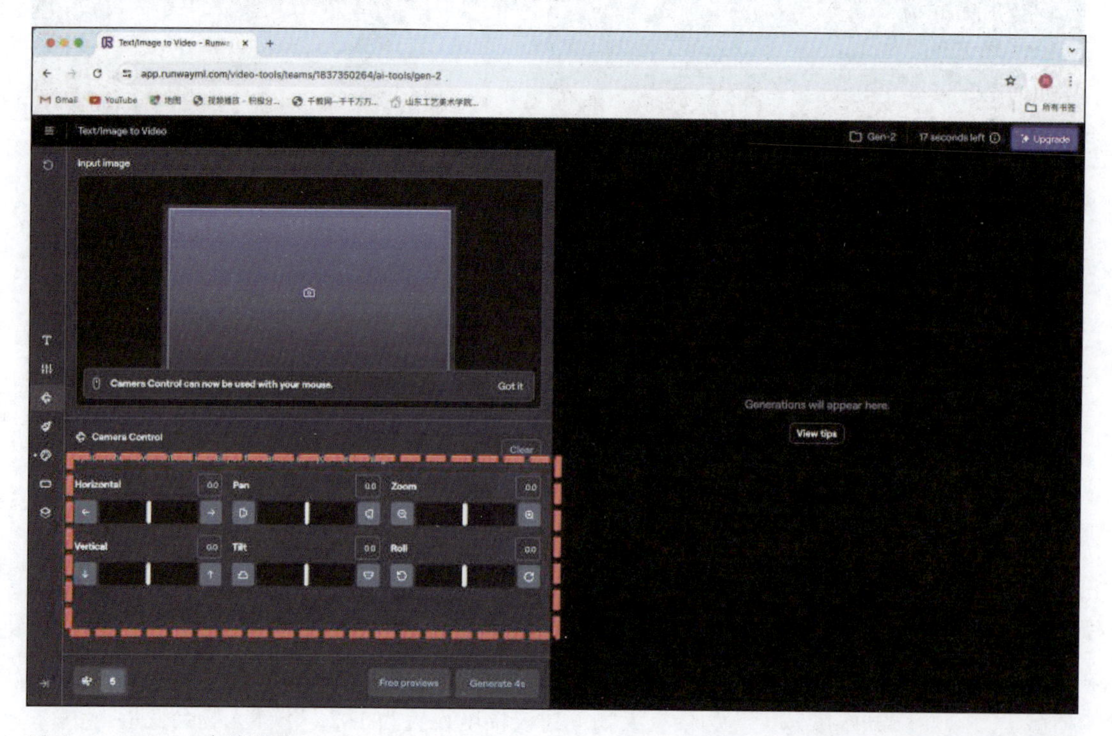


图 4-14 Runway 参数调整

单击 Motion Brush 按钮，进入运动笔刷页面，如图 4-15 所示。

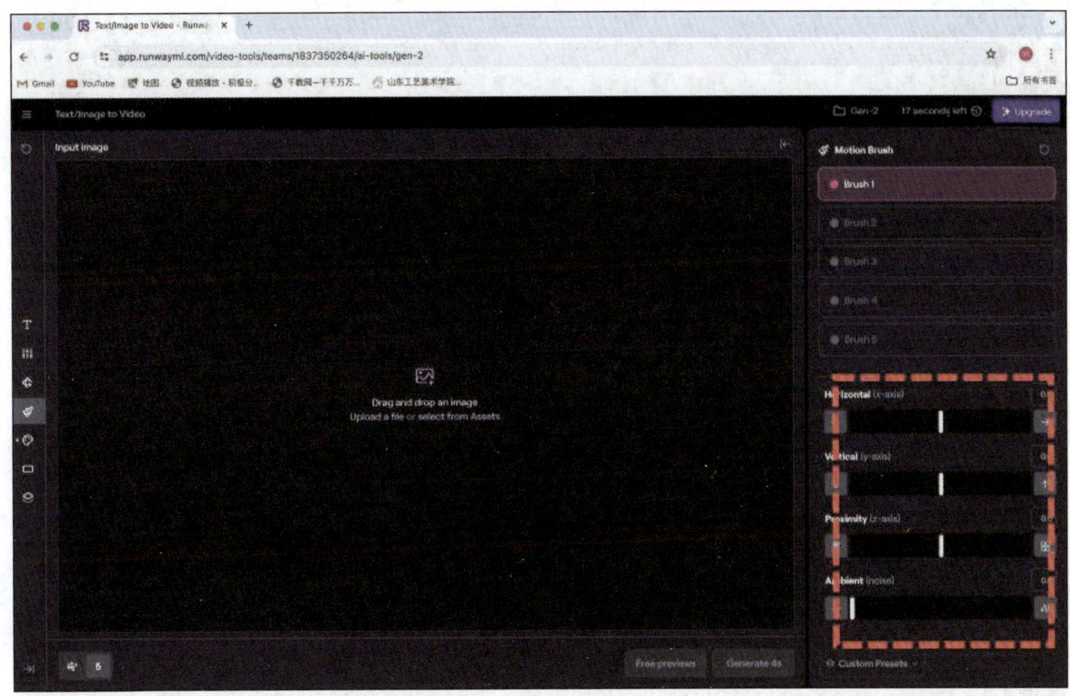


图 4-15　Runway 运动笔刷

页面中有 5 个运动笔刷，可以控制图像的 5 个局部运动参数。

使用 Brush 笔刷涂抹图片需要运动的地方。然后根据 Directional motion 的设置去控制其如何运动，设置完成后，单击 Done 按钮。

所有都设置完成后，直接单击 Generate 4s 按钮，生成视频。Runway 每次操作都需要消耗 4 秒时长对应的积分数量，包括重新调整一个参数、重新修改提示词、修改物体的运动状态，或者扩展视频的长度（它支持扩展视频长度到 16 秒）都需要消耗积分。因此使用时请尽量调整好了再提交生成。

生成好了最后可以下载视频，当然也可以在 Runway 里面做后续的配音和视频合成。

视频生成后，单击播放，可以预览效果。

单击 Extend 4s 按钮，可以在此视频的基础上，延长生成 4 秒视频。也可以单击 Share 按钮，进行视频分享。单击 Reveal prompt 按钮，重新设置提示词。最后单击下载按钮，将视频下载到本地。

### 2. 即梦 Dreamina

即梦 Dreamina 是由字节跳动抖音旗下的剪映推出的一款 AI 图片创作和绘画工具，旨在帮助抖音的图文和短视频创作者进行内容创作，用户只需输入提示描述，即可快速将创意和想法转化为图像，如图 4-16 所示。即梦 Dreamina 只需要手机号码注册或者使用抖音扫码通过剪影即可进行使用。即梦 Dreamina 的图生视频与文生视频那几个选项，基本上没有太多区别。即梦提供了基础的 5 种运镜控制、5 种视频比例和 3 档运动速度，可供创作选择，如图 4-16 所示。

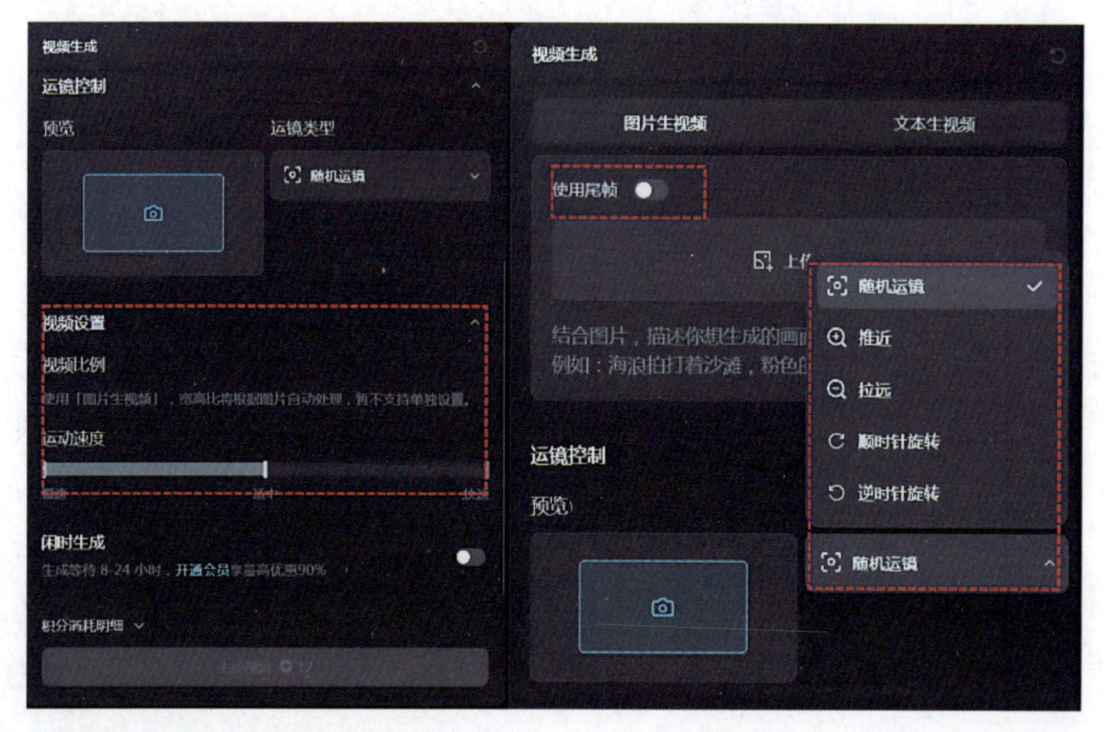


图 4-16　即梦 Dreamina 图生视频操作界面

图生视频需要上传参考图片，并且需要结合图片描述想生成的画面和动作。这里需要额外重点介绍的是，在图生视频中，可以上传尾帧图片来控制生成视频的质量。在使用的时候，首帧图和尾帧图，尽量都包含同样的主体，并用文字描述两张图之间如何过渡。这可以实现 AI 生成补帧画面，让视频生成更加可控。

作为国内厂商开发的软件，即梦 AI 对中文的理解能力强，视频生成过程简单快捷，质量稳定。

### 3. Pika Labs

Pika Labs 支持生成和编辑各种风格的视频，比如 3D 动画、动漫、卡通和电影，提供视频局部编辑和扩充功能，上传一张图片和一段文字，只需 30 秒即可生成短视频，被视为一款零门槛“视频生成神器”，如图 4-17 所示。Pika Labs 的优秀之处在于，支持利用提示词控制画面当中的元素进行动态转换，而不会出现画面的整体崩坏。此外，Pika Labs 还可以分辨画面当中的元素，合理生成图上不存在的内容，且不会导致画面的扭曲变形。借助 Pika Labs，可以快速制作电影级别的视频。

Pika Labs 支持添加各种摄像头移动效果，使视频更丰富和动感。在 Camera control（摄像机控制）参数面板中可以选择想要的移动模式，如旋转、缩放等，如图 4-18 所示。

### 4. Luma AI

Luma AI 发布的名为 Dream Machine 的 AI 视频生成应用。它具备强大的文生视频和图生视频功能，能在 2 分钟内生成 5 秒高质量视频，画面逼真，人物表情丰富。Dream

Machine 使用便捷，简单注册后即可进入视频生成界面。且用户界面友好，操作简便，无须专业技能即可使用，如图 4-19 所示。

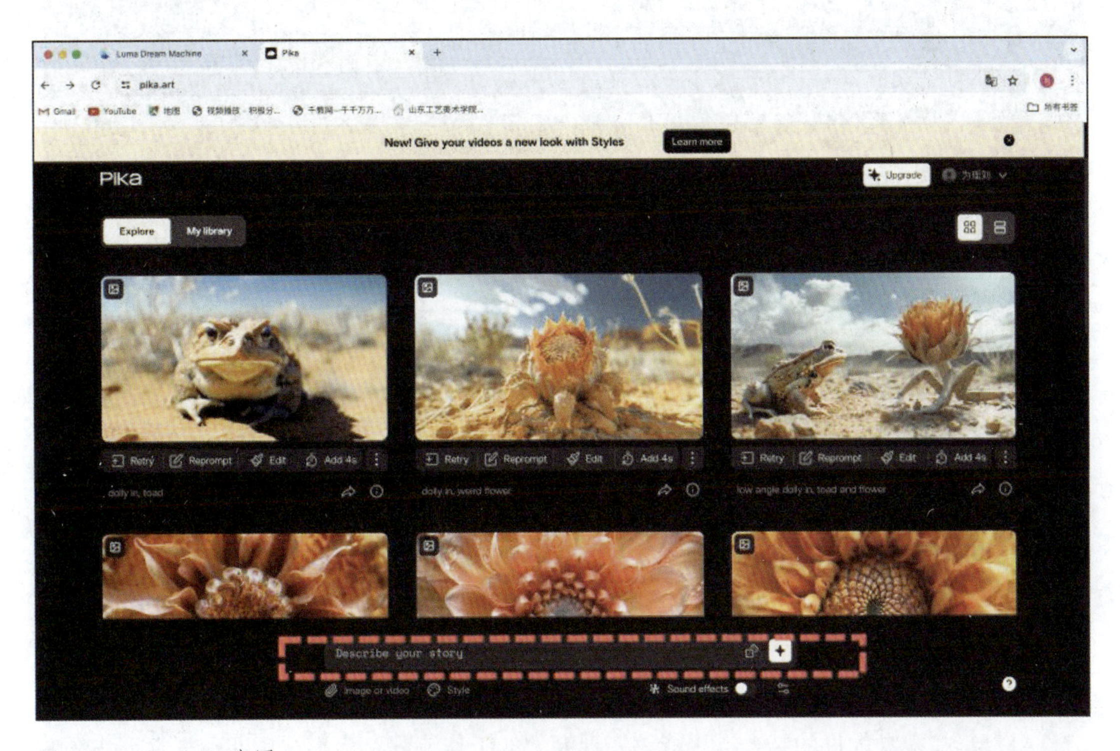


图 4-17　Pika Labs 官网

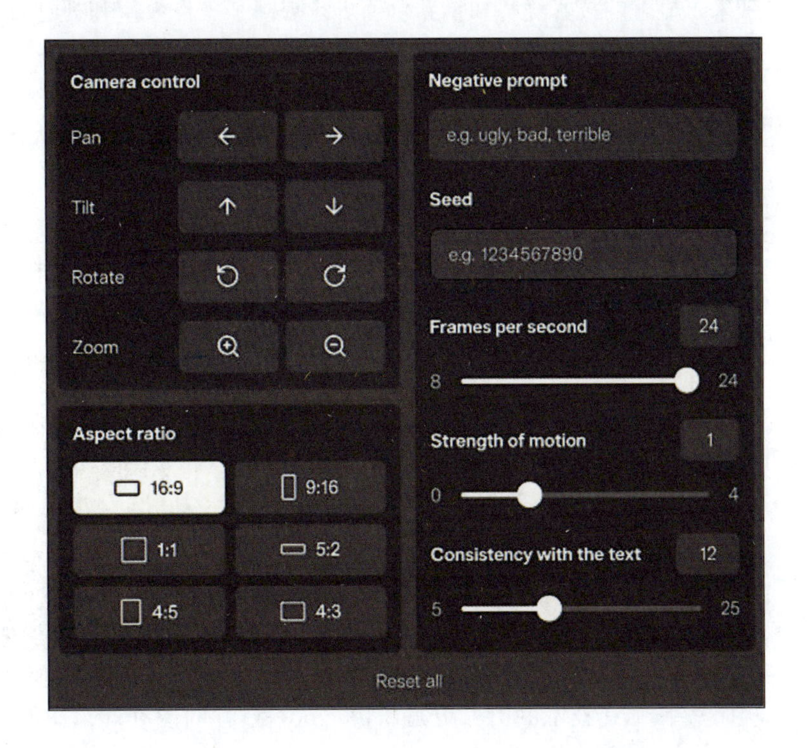


图 4-18　Pika Labs 操作界面

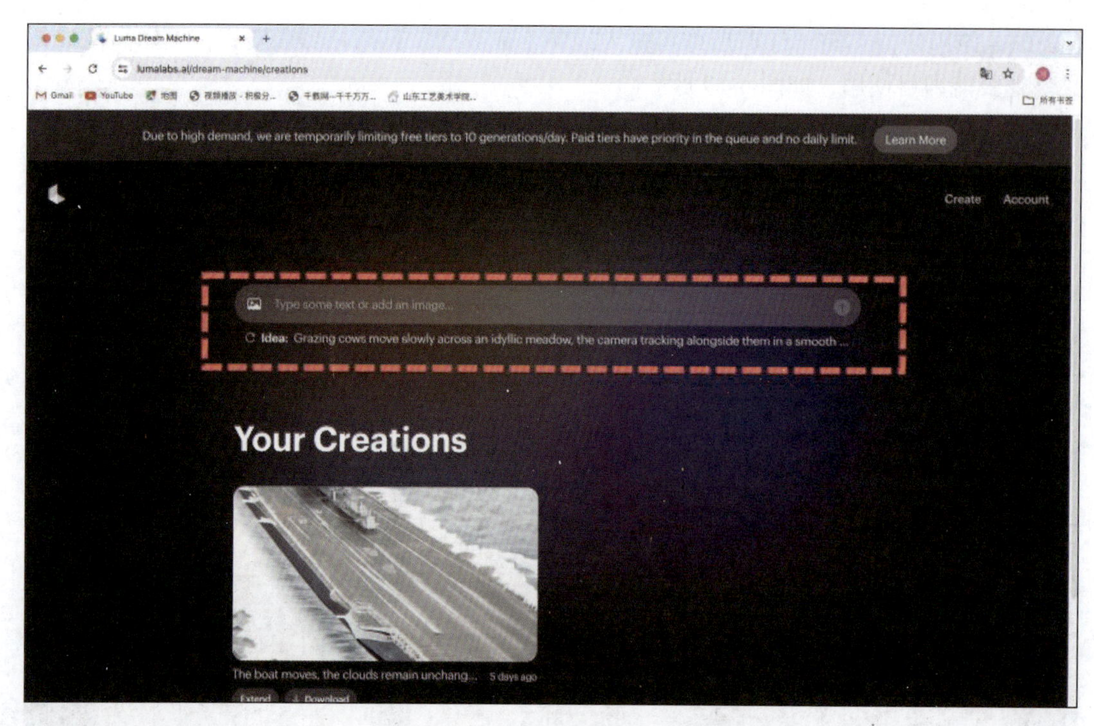


图 4-19 Lnma AI 官网

### 5. AE 与 AI 视频软件的结合运用

AE 与 AI 视频软件的结合运用能够实现高效的工作流程，为影视后期和视觉创作领域带来了显著的技术优势和创新价值。它提高了工作效率和视觉效果质量，拓展了创意空间和应用范围，是未来影视制作和视觉创作领域的重要发展趋势。

例如：AIGC 技术通过自动化处理，快速完成前景与背景的初步分割，减少了 AE 抠像过程中的人工干预，提高了整体工作效率。例如，在处理大量素材时，AIGC 能够显著减少人工选择遮罩或调整色彩键的时间。AIGC 技术能够准确识别图像中的关键元素，生成高质量的遮罩或轮廓。AE 抠像技术则基于这些精确数据，进行进一步的精细调整和优化，确保抠像结果的边缘平滑、颜色准确、透明度自然，达到专业级别的视觉效果。AIGC 技术可以根据不同的创意需求，自动生成符合特定风格的遮罩或滤镜效果。AE 抠像技术则可以基于这些创意效果，进行个性化的特效添加和合成，为影视后期和视觉创作领域带来更多可能性。

而众多 AIGC 技术的使用使得图片可以以不同形式动态化处理，此时可将前述内容 AE 的绿幕抠像与 AIGC 生成视频背景相结合。将 AE 抠像素材所需环境背景以图生视频的形式用于 AIGC，生成想要的镜头运动方式与角度，减少前期实拍的难点，大大提高了创作效率。将生成视频导入 AE，调整二者视频大小与位置，以此共同完成创作，如图 4-20 所示。

综上所述，图片动态化与绿幕抠像技术的结合为数字内容创作带来了无限的可能性。动态化的图片赋予了静态图像新的生命力，而绿幕抠像技术则使得前景与背景的合成变得轻而易举。AI 技术的引入更是加快了这一过程的便利性，让创作者能够更加高效、准确地完成创作任务。可以预见的是，随着 AI 技术的不断发展和优化，数字内容创作将会变得更加丰富多彩和高效便捷。

图 4-20　AI 背景与绿幕拍摄合成（作者：甄晶莹）

## 4.2　AIGC 技术在动画中的应用

AIGC 依托深度学习技术与先进的生成式算法模型，通过对海量训练数据的深度挖掘，能够自主创造出前所未有的文本、图像、视频及音频等多种形式的内容与数据，这不仅是 AI 技术应用的新篇章，也是内容创作领域的一次革命性突破。在动画产业中，AIGC 的应用正处于积极探索与实验阶段，具体实践包括借助 AI 绘画技术辅助原画设计，以及利用如 ChatGpt 等自然语言处理工具辅助剧本编写等。尤为值得一提的是，在三维动画这一细分领域，AIGC 技术已实现了从理论到实践的跨越，成功应用于动画角色的精细建模及集群动画的自动生成等方面，这些实践不仅验证了 AIGC 技术的可行性，也预示着其在未来动画制作中的广阔应用前景。

### 4.2.1　AI 与动画

AIGC 技术在动画行业的应用正在彻底改变动画制作的方式，为动画师和内容创作者提供了强大的工具来增强创意表达，提高生产效率。通过整合 AI 和生成技术，动画制作过程不仅变得更加快速和成本效率，而且能达到更高的创造水平和个性化水平。

#### 1. AI 辅助绘画在动画创作中的应用

在动画创作的复杂流程中，AI 绘画技术作为连接故事脚本与视觉呈现的桥梁，展现出其独特价值。当动画设计师接收到导演的视觉构想后，他们可以将关键概念词汇输入 AI 绘画模型中，促使 AI 迅速产出多样化的参考图像，这些图像深刻体现了 AI 对设计需求的多元理解。随后，通过设计团队内部的创意碰撞与筛选，设计师能够汲取 AI 提案的灵感，精准而高效地锁定创作路径，同时保留并增强作品的原创性。以《犬与少年》图 4-21 为例，这部由 Netflix 于 2023 年 1 月 31 日发布的动画短片，标志着 AIGC 技术在商业动画领域的突破性应用。其制作过程中，首先由人类艺术家勾勒场景草图，奠定视觉基调；随后，AI 绘画工具介入，通过多次迭代优化草图，细化场景细节与视觉效果；AI 生成的作品再经人工微调，最终达到动画所需的完美状态。这一过程不仅彰显了人机协作的潜力，也为动画创作的未来实践提供了宝贵启示。

图 4-21
动画短片《犬与少年》剧照

### 2. AI 集群系统在动画制作中的作用

在动画制作中，AI 集群系统指的是多个 AI 计算单元（通常是服务器）组成的网络，它们协同工作，共同处理大量的数据和复杂的计算任务。这样的系统在动画产业中扮演着关键角色，主要体现在以下几个方面。

（1）高效的渲染处理，动画渲染是一个计算密集型过程，尤其是在制作高分辨率和高质量的三维动画时。AI 集群可以并行处理大量渲染任务，显著缩短渲染时间，提高生产效率。

（2）复杂动画的模拟，许多现代动画需要复杂的物理和环境模拟，如液体动态、布料摆动、群体行为等。AI 集群通过分布式计算能力，能够更快地完成这些复杂模拟，保证动画的真实性和细节丰富度。

（3）大数据分析和学习：AI 集群可以处理和分析大量的动画数据，包括历史动画片段、用户反馈、观看数据等。通过机器学习模型，AI 集群可以从这些数据中学习，以优化动画的设计，预测观众喜好，甚至自动生成定制内容。

（4）创意支持：AI 集群不仅仅是技术和计算的支持者，它还可以直接参与到创意过程中。通过分析已有的艺术作品和风格，AI 可以辅助动画师创造新的设计概念，甚至直接生成艺术和动画元素。

### 3. 自动化生成技术推动动画工业化进程

随着动画产业的日益成熟，工业化生产模式逐渐成为主流趋势。AIGC 技术，特别是数字人技术的运用，在这一转型过程中扮演了关键角色。当前，前沿动画公司已能实现次要角色的自动化生成，包括多样化的肤色、年龄、体型等特征，并通过 AI 工具一键完成角色绑定、数据管理等工作，构建起丰富的 3D 数字资产库。此外，AI 与 PCG（程序化内容生成）技术的深度融合，更是开启了动画创作的新纪元。以《黑客帝国：觉醒》为例，该项目展示了 PCG 技术构建庞大虚拟城市与 AI 技术实时模拟城市动态的完美结合，创造了包含数百万个实例化资产、数千座模块化建筑、数万辆行驶车辆及广阔道路网络的逼真世界。这一案例不仅是自动化生成技术的巅峰之作，也为动画工业的未来发展树立了新的标杆。

## 4.2.2 AIGC 在动画中的具体运用

在研究当代动画创作的前沿技术时，AIGC 无疑成为推动艺术边界拓展的重要驱动力。这一技术的广泛应用，不仅深刻地改变了动画制作的各个环节，还极大地丰富了动画作品的表现力与感染力，为观众带来了前所未有的视觉与听觉盛宴。从角色建模的精细雕琢到场景构建的宏伟壮丽，再到声音与特效的匠心独运，AIGC 技术正以前所未有的速度和深度，重塑着动画艺术的创作生态。

### 1. 角色建模：从概念到现实的跨越

在角色建模领域，人工智能技术的进步使得创作过程更加高效且富有创意。传统上，角色设计往往需要艺术家耗费大量时间与精力进行手绘或雕塑，而如今，借助深度学习等先进技术，AI 能够根据文本描述、音乐旋律乃至情感氛围，自动生成符合设定要求的 3D 人体动画。这一突破，不仅极大地缩短了角色设计周期，还使得角色动作更加自然流畅，能够精准捕捉并传达复杂的情感与性格特征。以 3D 人体动画生成为例，随着生成模型的不断优化，AI 已经能够生成高度逼真的运动序列，从细微的表情变化到宏大的动作场景，无不展现出其强大的创作能力。

### 2. 场景的建构与设计：超越现实的视觉奇观

场景的建构与设计是动画创作中不可或缺的一环。21 世纪的德国动画电影，以其独特的美学风格和创新性的场景设计，成为全球观众瞩目的焦点。这些作品充分利用 AIGC，构建出既逼真又充满想象力的超现实影像场景。通过图像构建、影像合成等技术的综合运用，北欧动画电影将电影画格元素、三维动力技术以及电子绘像图层巧妙结合，创造出连贯且富有层次感的空间影像。在《天堂谷大冒险》中，观众得以跟随小雏鸟的视角，穿越寒冷的北极、孤独地飞行，最终见证与家人团聚的温馨时刻。这一系列震撼人心的场景，正是冰岛自然环境图层与人工智能技术完美融合的产物，展现了超凡的视觉魅力。

相比之下，《梦境环游记》则通过创新性的场景重构，将丹麦本土的建筑特征与现代化景观相结合，打造出一种全新的视觉体验。影片中的色彩艳丽的森林世界与幽暗的天空形成鲜明对比，既保留了北欧特有的神秘与静谧，又融入了中式建筑、美式风格等多元文化元素，展现出一种独特的视觉美学。这种将自然景观与创作者意识紧密结合的创作方式，不仅丰富了动画场景的文化内涵，还使得观众在观影过程中能够感受到一种跨越时空的奇妙体验。

### 3. 声音与特效制作：音画结合的完美呈现

声音与特效作为动画作品的重要组成部分，其质量直接影响着观众的观影感受。在 AIGC 技术的支持下，动画创作中的声音、特效、音乐等元素得以更加精准地生成与调整。以网易天音为代表的一站式 AI 音乐创作平台，通过输入关键词和图片等信息，能够自动生成符合特定风格和情感的音乐作品。这一技术的应用，不仅为动画作品提供了丰富的音乐资源，还使得音乐与画面之间的配合更加默契，进一步提升了作品的艺术感染力。

在动画特效制作方面，AIGC 技术同样展现出了强大的实力。以追光动画的《长安三万里》为例，团队在前期制作阶段就积极尝试应用 AIGC 技术，为影片中的关键场景添加了逼真的火焰效果。这一过程中，团队首先从一个火焰视频序列中提取出关键帧，并经过艺术家的精心调整，使其符合手绘风格的要求。随后，利用 EbSynth 等先进工具，将整段序列转化为具有统一手绘风格的火焰效果。这种创新的特效制作方式，不仅提高了工作效率，还使得火焰效果与影片的整体风格更加和谐统一，为观众带来了更加震撼的视觉效果。

### 4.2.3 AIGC 与 3D 动画的生产

关于 AIGC 的文本生成图像、图像生成视频等内容，在本章前几节中已有详细解释。本节内容主要探讨如何利用 AIGC 实现 3D 模型生成与动作捕捉，与本章前几节中的内容呼应，形成完整的 AIGC 动画制作工作流程。

#### 1. AIGC 对动画创作过程的革新

AIGC 技术显著提升了动画创作的效率与质量。在动画制作的各个环节中，AIGC 能够智能辅助或自动生成包括背景、角色模型、音效、特效在内的多种关键元素，极大地减轻了创作者的工作负担，缩短了制作周期，并有效降低了制作成本。AIGC 的自我学习与优化能力，使得动画元素在逼真度与表现力上达到了新的高度。诸如 OpenAI 的 ChatGPT 等先进人工智能模型，不仅能够根据用户输入的文本或图像生成连贯的故事情节、场景转换及角色动作，还能根据反馈进行自我调整，从而创造出更加个性化、多样化的内容。这种能力为动画创作提供了无限可能，使得创作者能够以前所未有的灵活性和深度探索故事世界的每一个角落。

#### 2. 拓展动画创作的边界与视野

AIGC 技术正在革命化地推动行业发展，通过集成尖端的机器学习和自动化工具，大幅优化了传统动画制作流程，并在艺术表现和创意实践方面开辟了新境界。AIGC 技术提高了动画制作的效率和精确度，传统的手工绘制方法耗时且劳动强度高，而 AI 的介入使得动画师能够自动化生成复杂的动画序列，不仅迅速完成标准动作，还能精准模仿复杂的人类情感和细腻的肢体语言。此外，AI 通过分析大量历史艺术作品，能够掌握并应用不同的设计原则，创造出具有独特风格的视觉表现形式，从而推动艺术风格的创新。AIGC 还促进了艺术与科技的跨媒介融合，特别是将动画与虚拟现实（VR）和增强现实（AR）技术结合，打破了传统二维界限，转化为可互动的三维体验，增强了动画的表现力和观众的沉浸感。在叙事创作方面，AIGC 通过大数据分析深入理解观众偏好和行为模式，优化故事情节以吸引观众，同时 AI 的预测功能在创作初期帮助创作者评估故事的潜在影响力，进行精确调整，从而确保内容的广泛吸引力和深远影响。通过这些方式，AIGC 不仅提高了动画制作的技术水平，也丰富了动画艺术的表现形式和叙事深度，展现了在现代动画创作中的不可替代的角色。

## 思考与练习

1. 抠像技术应用

假设你有一个产品需要展示给潜在客户，使用 AE 的抠像技术，结合图生视频技术，制作一个专业的产品展示视频。你需要将产品从原始照片中抠出，并放置到一个专业的展示环境中，同时添加一些动画效果和特效。要求：

（1）产品抠像。导入产品照片和原始背景照片。使用 AE 的抠像工具（如 Color Range、Keylight 等）将产品从原始背景中抠出。注意处理产品的阴影和半透明部分，确保抠像效果自然。

（2）展示环境制作。创建一个专业的展示环境，可以使用 AE 的 3D 图层、灯光和材质等功能来模拟真实场景。也可以导入文生图生成的展示环境素材，如展示台、背景墙等。

（3）产品展示与动画。将抠出的产品放置到展示环境中，并调整其大小、位置和角度，使其看起来自然。添加一些动画效果，如产品旋转、缩放、灯光闪烁等，以吸引观众的注意力。可以考虑添加一些特效，如镜头模糊、颜色校正等，提升视频的专业感。

（4）文本与音频。运用 ChatGPT、文心一言、星火认知大模型等 AI 文本生成工具创作一段文案。利用 Udio、ElevenLabs 等音频生成工具制作配音、音乐。

（5）导出与提交。导出为 30 秒长的 MP4 视频文件，分辨率为 1920×1080 像素。提交视频文件和 AE 项目文件。

2. 结合本章内容，你认为 AIGC 技术如何改变动画产业的传统制作流程？它给动画师的工作带来了哪些挑战和机遇？

3. AIGC 技术如何促进动画从二维向三维的转型，并提升动画制作的效率和质量？假设你是一名动画师，利用 AIGC 技术来创作一段简单的动画短片。请简述你将如何使用 AIGC 技术进行创意构思、角色设计、场景搭建、动作设定和最终渲染的整个过程。注意，在描述过程中，要特别指出 AIGC 技术如何帮助你简化工作流程或提升作品质量。

第5章

# 数据炼金：数据处理与模型训练

## 5.1 数据的收集与处理

AIGC 技术通过利用深度学习模型来自动生成高质量的视觉内容，不仅提高了特效制作的效率，还极大地扩展了创作的可能性。作为 AIGC 技术的核心，数据处理与模型训练在整个流程中扮演着至关重要的角色（图 5-1）。现在基本所有大模型的模型训练都是以图片数据库为原型进行训练学习的，除了建立模型库外，也可以引用图片的性质指定图像的生成，达成相对准确的生成结果，本章将介绍大模型的训练形式及引用图片创作两种方式。

图 5-1
数据收集（来源：Open AI 生成）

数据处理与模型训练是深度学习模型开发的基础环节。对于艺术设计相关专业的学生而言，了解并掌握这些环节不仅能提升技术能力，还能拓展创意表现形式。本章将详细介绍数据收集与预处理、模型训练与优化，以及实践中的挑战与解决方案，帮助学生从基础理论到实际应用，全面理解这一关键过程。

数据处理是模型训练的前提。高质量的数据是训练出优质模型的基础。数据收集包括获取足够数量和质量的数据，数据预处理则涉及清洗、标注、标准化等步骤，以确保数据适用于模型训练。对于艺术设计学生来说，这些步骤可能涉及从各类媒体中提取素材并进行处理，以适应特定的创作需求。

模型训练是 AIGC 技术的核心。选择合适的模型结构、定义损失函数、使用优化算法等步骤，构成了深度学习模型训练的主要内容。卷积神经网络（CNN）和生成对抗网络（GAN）是常见的深度学习模型，它们分别擅长处理图像识别和图像生成任务（图 5-2）。对这些模型进行训练和优化，可以显著提升生成内容的质量和多样性。

图 5-2
AI 模型（来源：Open AI 生成）

在实践中，数据质量问题、模型过拟合与欠拟合、计算资源限制等都是需要解决的挑战（欠拟合是指模型在训练集、验证集和测试集上均表现不佳的情况；过拟合是指模型在训练集上表现很好，到了验证和测试阶段就很差，即模型的泛化能力很差）。提高数据质量、使用正则化技术、优化计算资源等解决方案，能有效应对这些挑战，确保模型的稳定性和性能。

通过深入学习和实践这些内容，艺术设计相关的学生不仅能提高技术技能，还能更好地理解和运用 AIGC 技术，创造出更为丰富和创新的影视特效作品。

## 5.1.1 数据收集的基础

在 AIGC 技术中，数据收集处理是模型训练的通用步骤。高质量的数据是训练出有效深度学习模型的基础。对于艺术设计相关专业的学生而言，了解数据收集的基本原则和方法，以及数据的各种来源，是掌握 AIGC 技术的重要起点。

### 1. 数据收集的基本原则和方法

1）数据收集的基本原则

多样性：为了训练出能够广泛应用的模型，所收集的数据应具有多样性。这意味着数据应涵盖尽可能多的不同情境和风格，以确保模型能够应对各种情况。

质量：数据的质量直接影响模型的性能。高质量的数据应尽量避免噪声和错误信息，保证其准确性和清晰度。

数量：深度学习模型通常需要大量数据进行训练。足够的数据量可以防止模型过拟合（overfitting），即模型过于依赖训练数据，无法很好地泛化到新数据上。

2）数据收集的方法

手动收集：直接从互联网上下载或从现有的数字资源库中获取数据。这种方法的优点是可以精确控制数据的质量和内容，但缺点是耗时且费力。

自动抓取：使用网络爬虫（web crawler）或其他自动化工具，从互联网上批量收集数据。虽然这种方式效率高，但在使用过程中需要注意数据的合法性和版权问题。

合作获取：通过与其他研究机构、企业或数据提供商合作，获取高质量的数据集。这种方法可以节省时间和精力，同时获得专业领域的高质量数据。

### 2. 数据来源

1）公开数据集

花瓣网：一个大型设计素材分享平台，提供丰富的设计图片和灵感素材，涵盖了各种艺术风格和应用场景，非常适合用作模型训练的数据来源。

站酷网：一个综合性的设计师交流平台，拥有大量优质的设计作品和图片资源，可以为模型训练提供多样性和高质量的数据支持。

Kaggle 数据集：Kaggle 是一个数据科学竞赛平台，提供了大量公开的数据集，涵盖各个领域和应用场景。

2）自建数据集

项目定制：根据具体项目需求，手动或通过半自动化工具收集和标注数据。这种方法可以确保数据的高相关性和定制化。

实验室拍摄：在控制条件下，通过摄影或录像采集数据。这种方法常用于特定场景或对象的精细捕捉。

3）数据抓取

网络爬虫：使用爬虫技术，从互联网上自动抓取大量图片或视频数据。例如，通过编写 Python 脚本利用爬虫库进行数据抓取。

社交媒体与公共平台：从社交媒体（如花瓣网、站酷网等）和公共数据平台获取用户图片内容，丰富数据的多样性。

## 5.1.2 数据处理的步骤

微课视频

在收集了大量高质量的图片数据后，接下来需要对这些数据进行处理，以便在图像生成大模型（如 Midjourney、Stable Diffusion、神采 Prome、Tensor Art、即梦 Dreamina）中建立自己的模型库。数据处理是确保模型训练效果的关键步骤，以下是详细的数据处理步骤。

### 1. 数据清洗

数据清洗是数据处理的第一步，旨在去除数据中的噪声和错误信息，保证数据的准确性和一致性。

去除重复和无效图片：检查数据集中是否有重复的图片或无效图片（如完全黑屏或白屏的图片、带有水印及广告信息照片等），并将这些图片修改或者删除。

统一图片尺寸：将所有图片调整为统一的尺寸。一般来说，常见的尺寸为 512×512 像素（64 的倍数）。可以使用 Photoshop、GIMP 等图像编辑软件或编写 Python 脚本批量调整图片大小。

### 2. 数据标注

数据标注是对每张图片进行分类和标签标注，以便模型在训练过程中理解每张图片的内容。

分类标注：根据图片内容，将图片分为不同的类别，例如风景、人物、建筑等，并使用例如“1/1.1/1.1.1”等一级、二级、三级标题形式命名。可以使用专门的数据标注插件工具进行标注。

标签标注：为每张图片添加详细标签，描述图片的主要特征和内容。例如，一张风景图片关键词可以标注为“山、湖泊、天空”。

### 3. 数据增强

数据增强是通过对原始图片进行各种变换，生成更多的训练样本，以提高模型的泛化能力。

常见的数据增强方法如下。

（1）旋转：随机旋转图片一定角度。

（2）翻转：水平翻转或垂直翻转图片。

（3）缩放：随机缩放图片。

（4）颜色调整：随机调整图片的亮度、对比度和饱和度。

### 4. 数据标准化

数据标准化是将图片的像素值进行归一化处理，使其在相同的尺度上，有助于模型更快地收敛（即当训练数据的值是较大整数值时，可能会减慢模型训练的过程）。

归一化处理：将图片的像素值从 0~255 缩放到 0~1 之间。此时图像的像素处于 0~1 范围时，由于仍然介于 0~255 之间，图像依旧是有效的，并且可以正常查看图像。通常使用图像处理库进行处理。

可以根据上述步骤，逐步完成数据的清洗、标注、增强和标准化，为后续的模型训练奠定良好的基础。这些步骤不仅提高了数据质量，还增强了模型的训练效果，使生成的图像更加逼真和多样。

## 5.2　模型训练与优化

### 5.2.1　Midjourney 模型训练方式

在使用 Midjourney 进行图像生成时，建立自己的模型库是关键的一步。以下是详细的训练方式。

### 1. 输入"/tune"

首先，在 Midjourney 的对话界面中输入命令"/tune"（对话框可输入改风格的名称），然后按回车键发送至频道。这一步骤是为了开始训练模型，如图 5-3 所示，输入的提示词中文为"卡通，景色，可爱"的模型库风格。

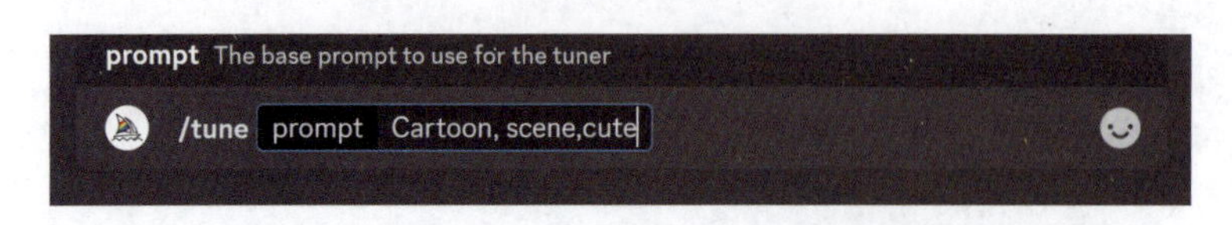


图 5-3 Midjourney 对话输入

### 2. 选择筛选的图片组数

选择要筛选的图片组数。图片组数越多，生成的风格就越准确。默认情况下，系统会提供 32 组图片。每 16 组图片消耗"0.15 小时 fast hour"快速时长（即积分），32 组图片对应"0.3 小时 fast hour"快速时长（图 5-4）。请注意，快速时长的数量根据所购买的会员月租而定。

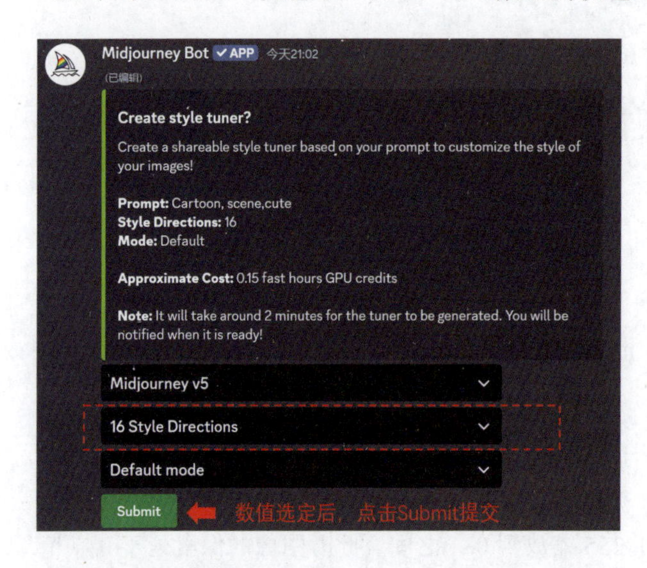


图 5-4 Midjourney 选择图片组数

### 3. 获取模型生成链接

弹出 Are you sure?（Cost: 0.15 fast hrs GPU credits）对话框，需用户单击确认。

根据上一步操作，等待系统生成图片链接。链接生成完成后，单击链接进入图片筛选界面。建议保存该链接，该链接可以反复使用、更新模型（图 5-5）。

### 4. 进行风格筛选

在网页上有以下两种筛选方式可供选择（图 5-6）。

（1）Compare two style at a time：这种方式直接选择风格，优点是快捷且画风明确。系统会同时展示两张风格不同的图片，可以选择更喜欢的一张。

（2）Pick your favorite from a big grid：这种方式从 32 组图片中各选择一张，优点是风格更加细分。系统会展示一个大的图片网格，可以从中选择最喜欢的图片。

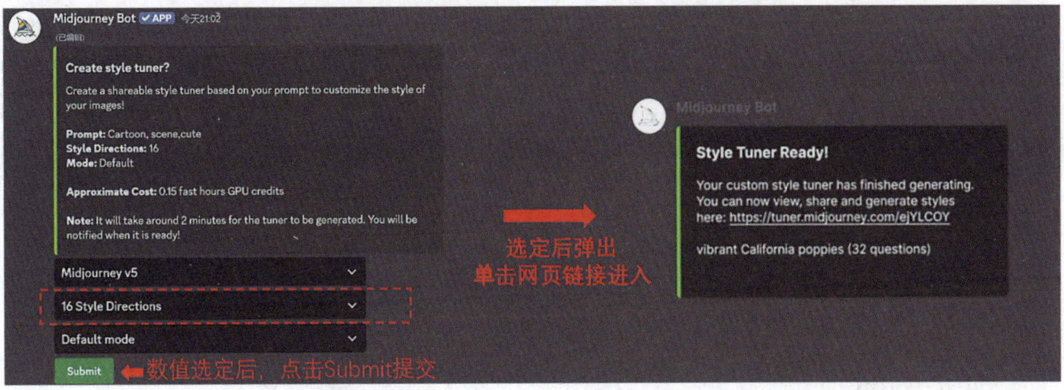

图 5-5　Midjourney 获取模型链接

图 5-6　Midjourney 风格选择

### 5. 获取模型生成链接

选择所有想要的参考图片后，系统会生成 style 风格参数，如图 5-7 所示。若选择图片有变化，则该生成码也会变换编号。

最后，一键复制关键词以及参数，回到频道界面使用这些参数生成图片，生成方式为："关键词" + "空格" + "--style" + "空格" + "代码"，如图 5-8 所示。

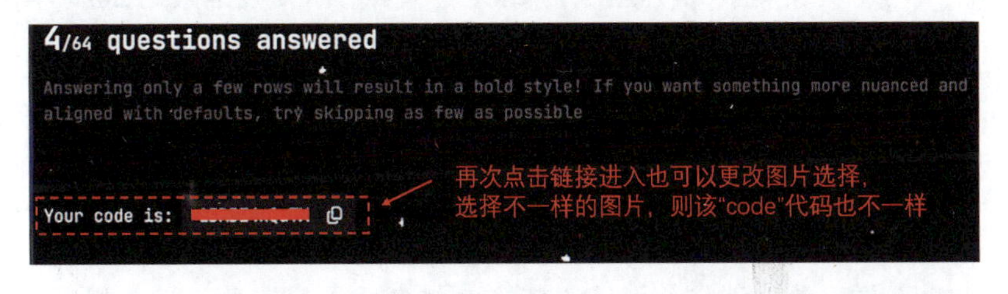


图 5-7　Midjourney 获取 code 代码

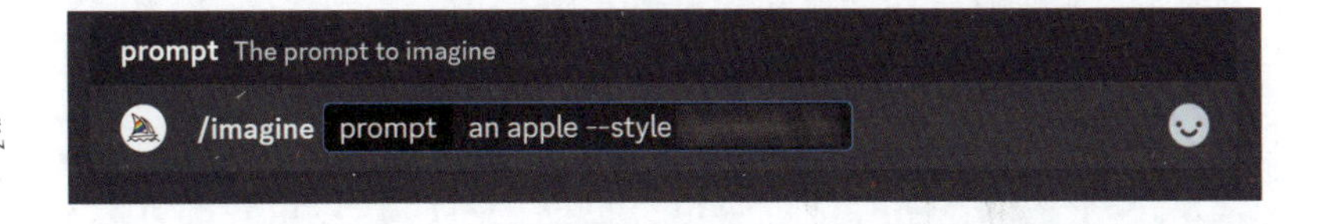


图 5-8　Midjourney 使用代码生成图像

## 5.2.2　Stable Diffusion 模型训练方式

Stable Diffusion 是一种强大的图像生成工具，允许用户通过训练自己的模型库来生成高质量的图像。以下是详细的训练方法。

微课视频

在开始训练之前，确保计算机配置满足要求，特别是显卡的显存要充足。最低显存要求为 6GB，但建议使用 8GB 显卡以上确保生成图片和训练模型的流畅性。本教材介绍为 Stable Diffusion 的 LoRA 模型训练步骤。

### 1. 明确训练目标

模型训练首先要明确希望训练的风格类型。训练目标可以分为以下两类。

（1）具象类（图 5-9 左图）：例如，训练人物、特定服装、特定元素等。这类目标涉及具体的对象，如特定人物肖像、特定类型的服装或特定的元素。

（2）泛化类（图 5-9 右图）：例如，训练某种艺术风格或色彩风格。这类目标涉及抽象的风格，如某种绘画风格或整体色调。

图 5-9　图片分类

### 2. 收集模型素材

根据训练目标，收集相应的模型素材。

（1）具象类素材收集：如训练某一人像，需要收集大约 20 张不同角度、不同背景、不同姿势、不同服饰、无遮挡的同一人物的照片。

注意：素材过于同质化（例如，相似角度或服饰的照片过多）可能会导致生成图像时偏向这些重复的特征。

（2）泛化类素材收集：如训练某一风格图像，需要收集至少 50 张具有相同画风的不同内容的图像。

注意：虽然泛化类训练不需要素材内容高度一致，但相似风格的素材不应占比过高，以避免模型过度偏向特定特征。

### 3. 处理图像素材

1）统一图像尺寸

使用图片编辑工具进行批量处理，或使用 Photoshop 等软件自行裁剪，最好为 512×512 像素（px），或确保图像的一边至少为 512px（64 的倍数）（图 5-10）。

2）图像编码处理

使用 Stable Diffusion WebUI 插件进行图像预处理的步骤如下。

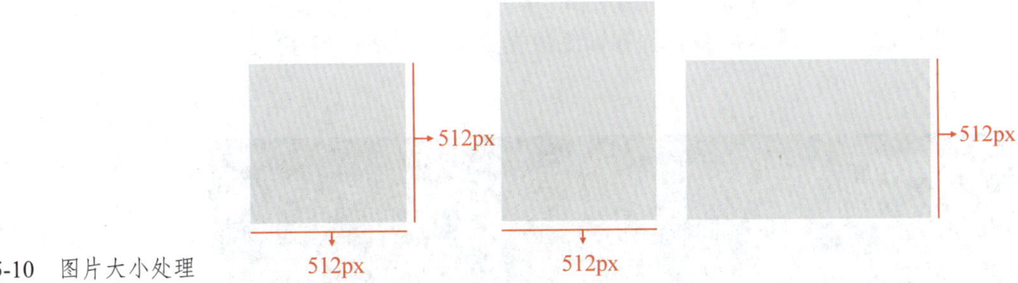


图 5-10　图片大小处理

（1）打开“界面图像预处理”功能（图 5-11）。

（2）将收集的素材文件夹路径放在“源目录”中。

（3）将导出的处理后图像存储路径放在“目标目录”中。

（4）当界面显示 Preprocessing Finished 时，处理即完成（图 5-12）。

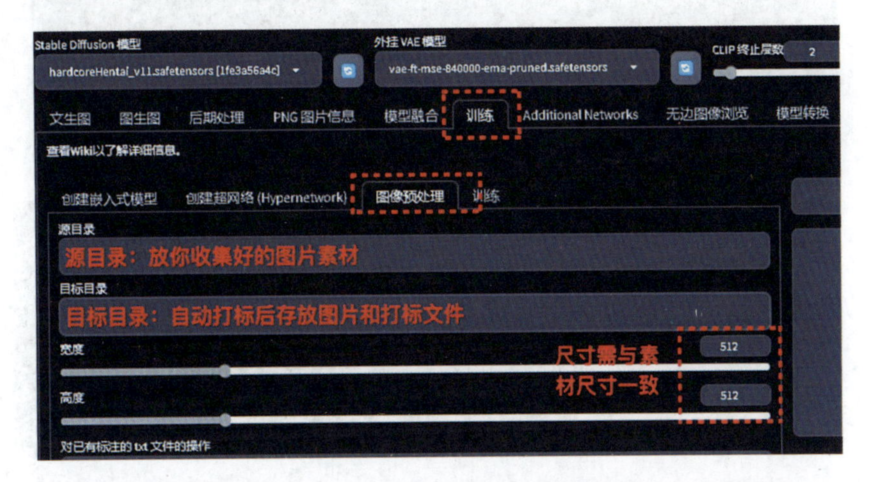


图 5-11　Stable Diffusion 图像预处理（来源：优设网 -Wincy_Fu）

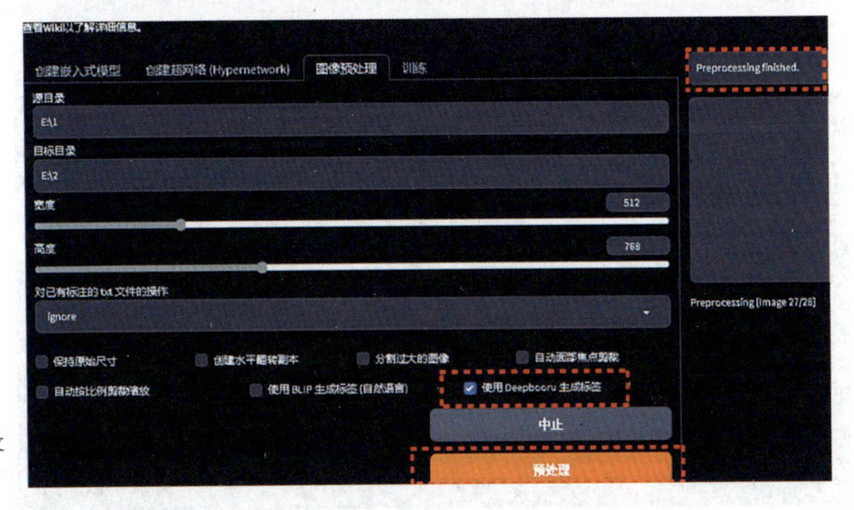


图 5-12　图像预处理完成（来源：优设网 -Wincy_Fu）

3）参数调整与训练

使用 LoRA 训练器（例如 SD-Trainer）进行模型训练的步骤如下。

（1）选择左侧的“新手”训练模式。

（2）选择要训练的模型名称和训练数据集路径（路径需在 sd/lora-scripts-v1.7.3/train 下建立文件夹）（图 5-13）。

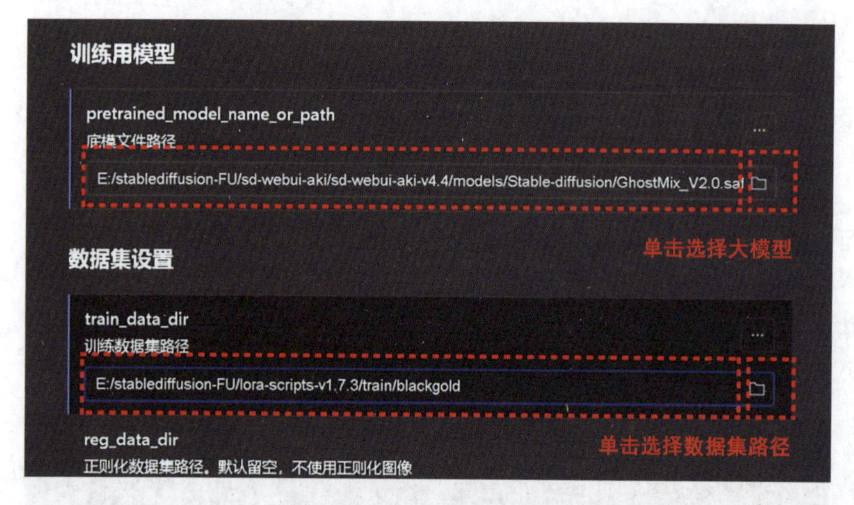


图 5-13 选择数据路径（来源：优设网 -Wincy_Fu）

（3）在 Resolution 中设置图像分辨率，与之前处理图像素材时的分辨率一致（图 5-14）。

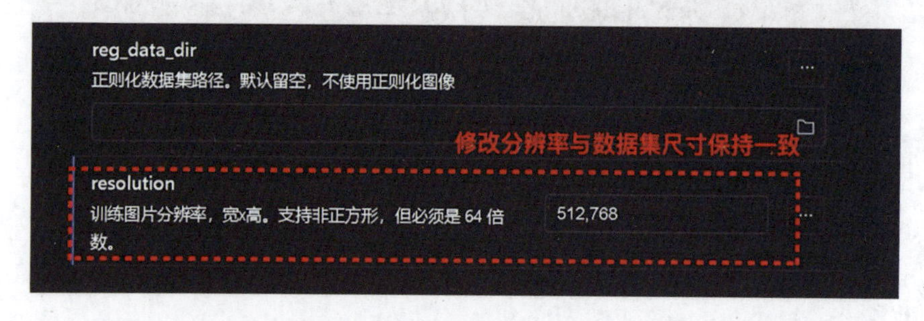


图 5-14 设置分辨率（来源：优设网 -Wincy_Fu）

（4）设置完成后，单击“保存设置”的模型名称并开始训练。

（5）训练完成后，可以使用生成的模型进行图像生成（图 5-15）。

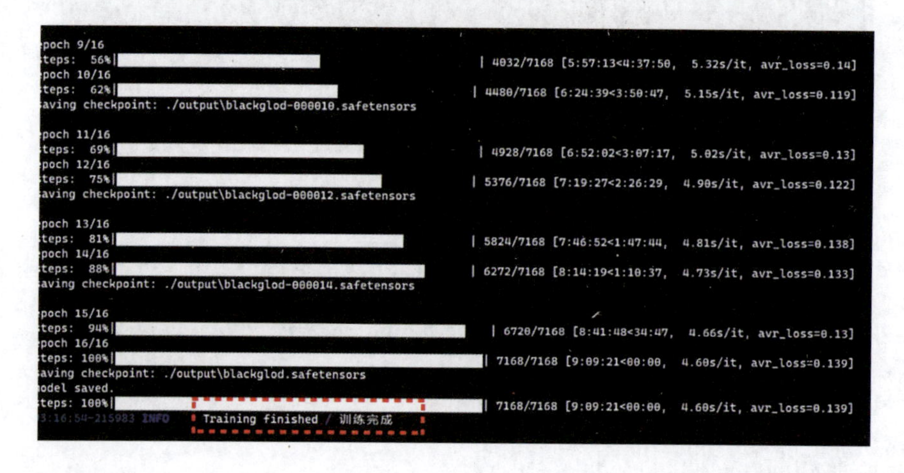


图 5-15 完成图像训练（来源：优设网 -Wincy_Fu）

# 5.3　实践中的挑战与解决方案

现在大部分国内图像类大模型都是已经训练过并提供给用户的，有很强的随机性，所以可以在模型里使用自定义上传“风格参考”的形式来限定生成图像。

## 5.3.1　Midjourney 的风格参考设定

### 1. “--iw”图片相似度

通过在输入“/imagine”后写完提示词，可以后缀“--iw”来设定与相关图片的相似度（图 5-16）。其中，“--iw 0.25”为相似度 20%、“--iw 0.3”为相似度 30%、“--iw 0.5”为相似度 40%、“--iw 1”为相似度 50%、“--iw 1.25”为相似度 60%、“--iw 1.5”为相似度 70%、“--iw 2”为相似度 90%。

输入格式：“垫图图片地址（URL）”+“空格”+“关键词”+“空格”+“--iw”+“空格”+“数值”，如图 5-16 所示。

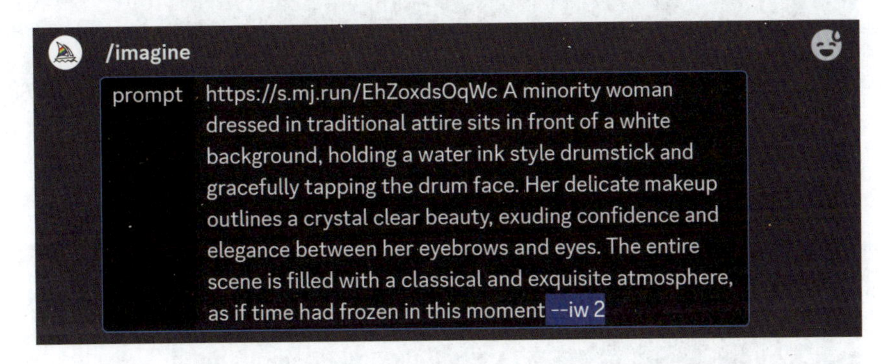


图 5-16
Midjourney 图片相似度输入

直接在 Midjourney 对话框上传图片后右键复制图片链接、上传其他图片集成网站右键复制图片链接即可获取图片链接 URL。

### 2. “--cref”角色一致性

通过在输入“/imagine”后写完提示词，可以后缀“--cref”来设定与相关图片的角色一致性。其中“--cw”为角色一致性的权重代码（即角色一致性的强度），数值可为 0~100，数值越大权重越大（即角色一致性越强，如果是人物则长相越像）。

输入格式：“关键词”+“空格”+“--cref”+“空格”+“<垫图图片地址（URL）>”+“空格”+“--cw”+“空格”+“数值”，如图 5-17 所示。

### 3. “--sref”风格一致性

通过在输入“/imagine”后写完提示词，可以后缀“--sref”来设定与相关图片的风格一致性。其中“--sw”为风格一致性的权重代码（即风格一致性的强度），数值可为 0~1000，数值越大权重越大（即与上传图片画风越像）。

输入格式：“关键词”+“空格”+“--sref”+“空格”+“<垫图图片地址（URL）>”+“空格”+“--sw”+“空格”+“数值”，如图 5-18 所示。

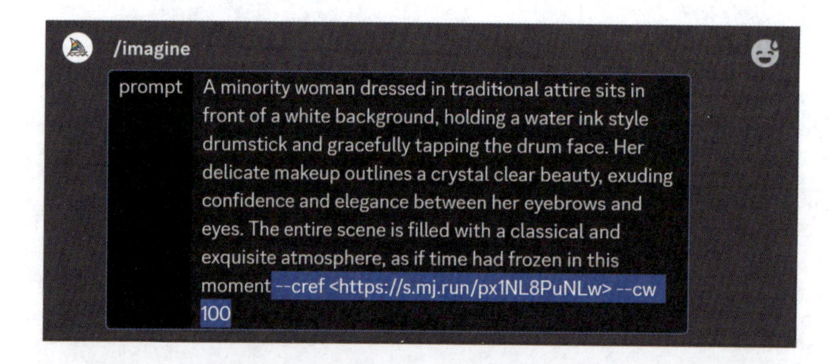


图 5-17
Midjourney 角色一致性输入

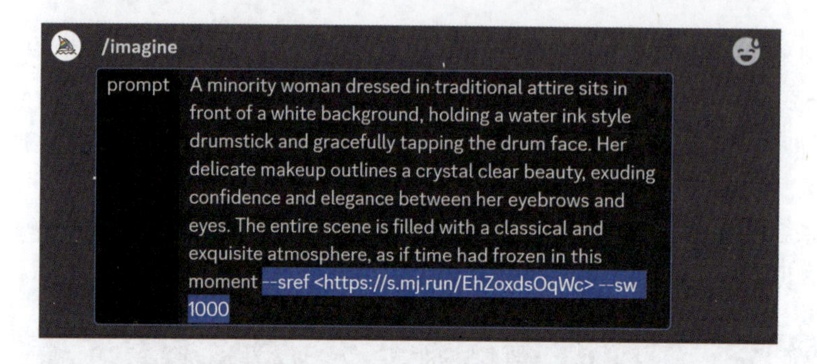


图 5-18
Midjourney 风格一致性输入

如果是多张图片，这里也可在垫图图片地址（URL）后缀写“:: 数值”表示图片权重占比（相似度占比），如图 5-19 所示。

三种风格参考方式，综合应用效果如图 5-20 所示。

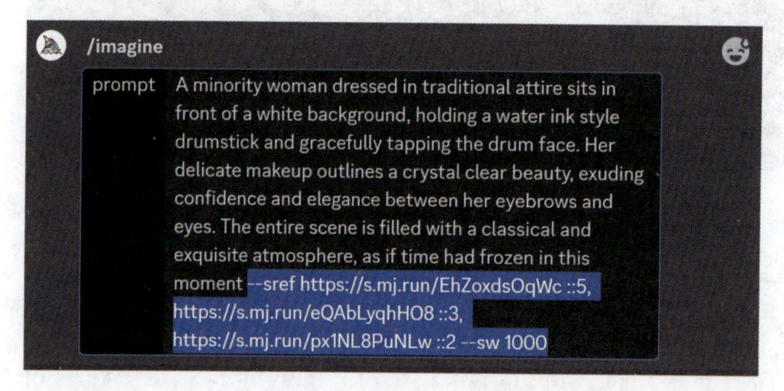


图 5-19
Midjourney 垫图权重输入

使用提示词：
<https://s.mj.run/EhZoxdsOqWc><https://s.mj.run/eQAbLyqhHO8> <https://s.mj.run/px1NL8PuNLw> A minority woman dressed in traditional attire sits in front of a white background, holding a water ink style drumstick and gracefully tapping the drum face. Her delicate makeup outlines a crystal clear beauty, exuding confidence and elegance between her eyebrows and eyes. The entire scene is filled with a classical and exquisite atmosphere, as if time had frozen in this moment. –sref <https://s.mj.run/EhZoxdsOqWc> <https://s.mj.run/px1NL8PuNLw> <https://s.mj.run/eQAbLyqhHO8> --cref <https://s.mj.run/px1NL8PuNLw> --cw 100 --sw 923 --iw 2 --ar 9:16 --v 6.0

图 5-20　Midjourney 代码综合应用

## 5.3.2　Stable Diffusion 的风格参考设定

Stable Diffusion 模型训练较为灵活，一方面可以通过上一节介绍中“Stable Diffusion 模型训练方式”来训练大模型设定风格参考；另一方面可以使用图生图的方式，输入要重绘、改绘的参考图，来进行图像的输出（图 5-21）。

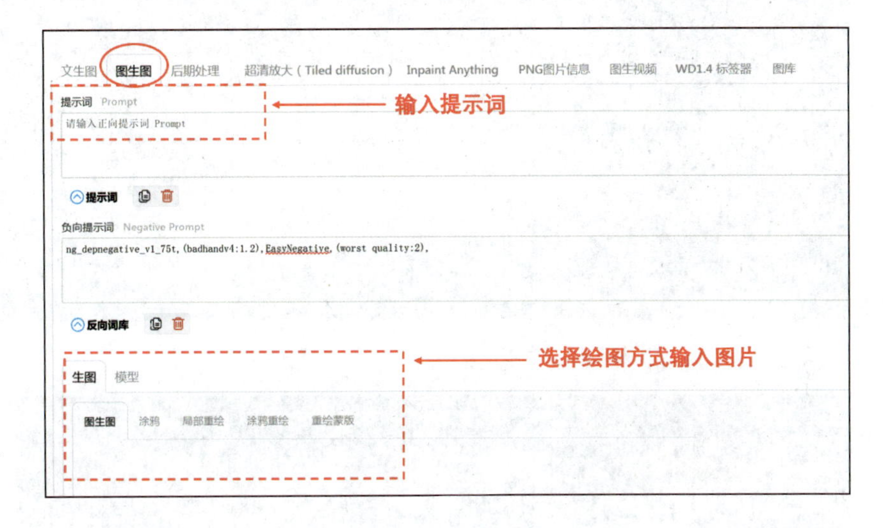


图 5-21
Stable Diffusion 风格设定

## 5.3.3　神采 Prome、即梦 Dreamina 等集成类大模型网站的风格参考设定

微课视频

对于神采 Prome、即梦 Dreamina 等模型库相对固定的集成类大模型网站，“风格参考”的功能键相对简单，不需要填写代码，直接上传图片即可。因该方式为参考图方式生成，图片上传可以不经过数据清洗，直接选定上传，但数据清洗后效果更佳。

### 1. 神采 Prome 的风格参考

神采 Prome 的图片生成相对稳定，可上传线稿图进行草图渲染、两张图片混合变幻重绘等。比如“草图渲染”功能，在界面图片生成操作中，上传绘制的线稿图，输入提示词，及风格参考图片，并在“风格”选项中选择与参考图片相似的风格、“场景”选择自己需要的场景或自定义、“模式”选定后单击生成即可（图 5-22）。

该模型库均为已训练模型，虽不能直接训练模型库，可以通过上传风格参考图 + 选择相似风格来确定自己的模型风格。

### 2. 即梦 Dreamina 的风格参考

即梦 Dreamina 的图像生成界面简洁，在关键词输入下方可导入参考图，并选定参考图的参考方式：参考主体、参考人物长相、参考轮廓边缘、参考景深、参考人物姿势；选定后选择与之相似的生成模型，单击生成即可，如图 5-23 所示。

图 5-22　神采 Prome 风格参考设定

图 5-23
即梦 Dreamina
风格参考

## 思考与练习

通过本章节的学习，你已经了解了数据处理与模型训练在 AIGC 技术中的关键作用。现在，请你运用所学知识，完成以下任务。

（1）项目策划与数据收集：选择一个特定主题，如城市风光、自然景观或人物肖像，作为训练模型的数据集目标。收集相关的图片，确保数据的多样性和质量。使用花瓣网、站酷网或 Kaggle 等资源收集素材（注意图片版权问题）。

（2）数据处理与预处理：使用图像处理工具对收集的素材进行预处理，统一图片尺寸，进行数据清洗和标注。确保数据的标准化处理，使其适用于模型训练。

（3）模型训练与优化：使用前面提到的大模型网站或类似工具进行模型训练，明确训练目标和模型结构。进行模型优化，通过调整超参数、使用正则化技术等方法，提高模型的性能和稳定性。

（4）在实际项目中应用生成的特效，完成最终的创作任务。

作业提交：提交 9 张一组最终生成的图像，展示该模型库训练结果。

完成上述任务后，请思考：在数据收集和预处理过程中，遇到了哪些挑战？应如何解决这些问题？

# 三维创新：3D与AIGC革新实践

随着AIGC技术的发展，三维设计领域迎来了全新的创作方式和工具。在影视特效制作中，三维建模和动画生成是核心环节之一。传统的三维设计和动画制作往往需要耗费大量的时间和精力，通过人工逐帧调整和渲染来实现复杂的视觉效果。然而，随着人工智能技术的进步，特别是深度学习和生成对抗网络（GAN）的应用，三维内容的创作变得更加高效和智能化。

AIGC技术能够利用大规模数据集和强大的计算能力，自动生成高质量的三维模型和动画。这种自动化生成不仅能显著提升创作效率，还能大大扩展创作者的创意空间，使得他们可以更加专注于创意和艺术表现，而不再被烦琐的技术细节所束缚。同时，AIGC技术的应用也为创作者提供了强大的技术支持，帮助他们实现更加复杂和精细的视觉效果。

本章将详细介绍三维创作领域中的最新技术和应用案例，展示AIGC技术在三维设计中的革新与实践。从图片转换为三维模型、生成复杂的三维场景，到实现精细的三维模型动作绑定，AIGC技术涵盖了三维创作的各个方面。通过实际案例的分析和演示，读者将能够直观地了解如何利用AIGC技术进行三维创作，并掌握这些技术的应用方法和技巧。

在三维模型生成方面，AIGC技术可以快速将二维图片转换为三维模型，极大地简化三维建模的过程。同时，生成的三维模型可以通过进一步地优化和调整，达到高质量的表现效果。在三维场景生成方面，AIGC技术能够快速生成高质量的三维场景，适用于虚拟现实、游戏开发等多种应用场景。

在三维模型的动作绑定方面，AIGC技术能够自动识别并绑定三维模型的动作，显著减少手动操作的时间和工作量。这不仅可以提高动画制作的效率，还能够提升动画的流畅度和自然度，使得三维角色的表现更加生动和逼真。

通过本章的学习，读者将能够掌握利用 AIGC 技术进行三维创作的完整流程，从数据收集和预处理，到模型生成和动作绑定，再到最终的创作和优化，可为影视特效的制作带来新的可能性，推动三维设计领域的不断革新和发展。

## 6.1　模型资源数字转化

利用先进的 AIGC 技术，设计师和艺术家可以方便地生成低精度的三维模型。通过将二维图片快速转换为三维模型，这些工具能极大地简化传统三维建模的复杂过程，显著提升创作效率。在展示一个传统三维创作流程的案例之后，本节将介绍“数字资产转化”大模型的使用方法。

### 学生案例：赛博朋克冲锋枪

作者姓名：马坤鹏

专业与年级：山东工艺美术学院影视摄影与制作大三

创作周期：4 周

使用软件：Maya、Zbrush、Rizomuv、Marmoset Toolbag 4、Substance 3D Painter

1）创作思路

以原画作为主要参考进行三维制作时，首先需要详细分析原画的构成关系，以确定如何通过三维方式呈现最佳效果。由于原画通常较为复杂且仅提供一个角度的视图，在三维创作时需要推敲正面观察时的厚度层次关系，以及一些小结构的形状和嵌套合理性。因此，进一步寻找参考图，以在脑海中形成更加清晰的制作思路和更加优质的作品呈现。参考图收集如图 6-1 和图 6-2 所示。

图 6-1
枪支（来源：Artstation 的概念设计艺术家 Jay Li）

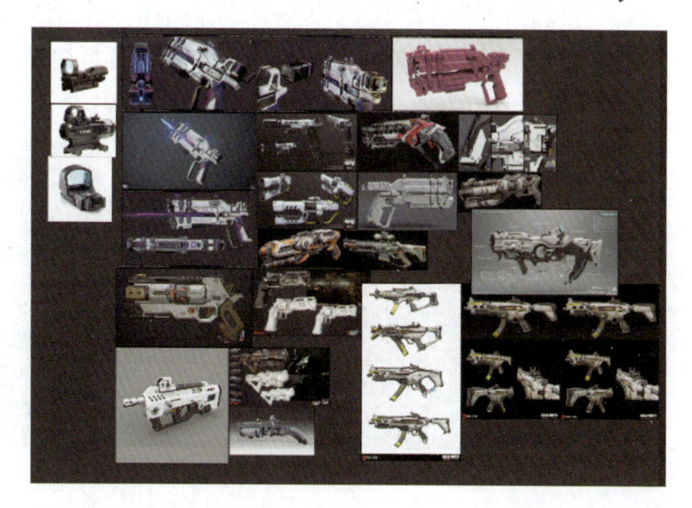

图 6-2　参考图（来源：百度图库）

2）技术说明

（1）粗模搭建。在 Maya 中进行粗模的搭建，此步骤主要是观察整体效果，思考层次关系和块面关系（图 6-3）。

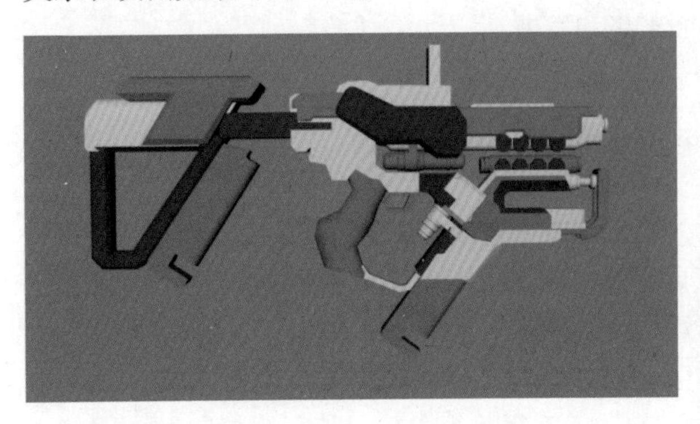
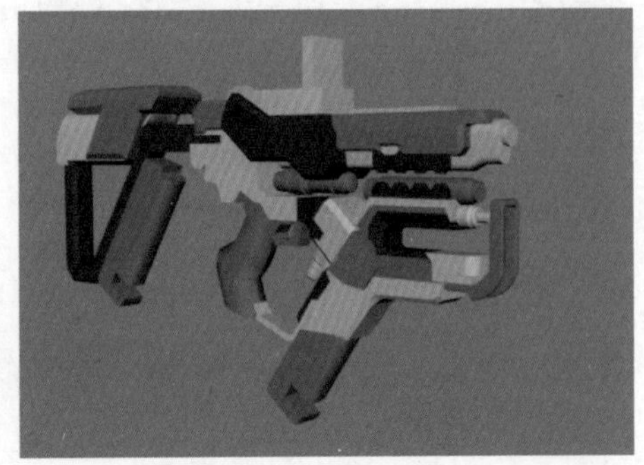

图 6-3　粗模

（2）细节添加和倒角。在粗模搭建完成后，进行倒角和细节添加。需要考虑每个层次之间倒角的大小关系、倒角和斜边面的选择。添加细节时要考虑细节的合理性，使最终模型达到中模状态（图 6-4）。

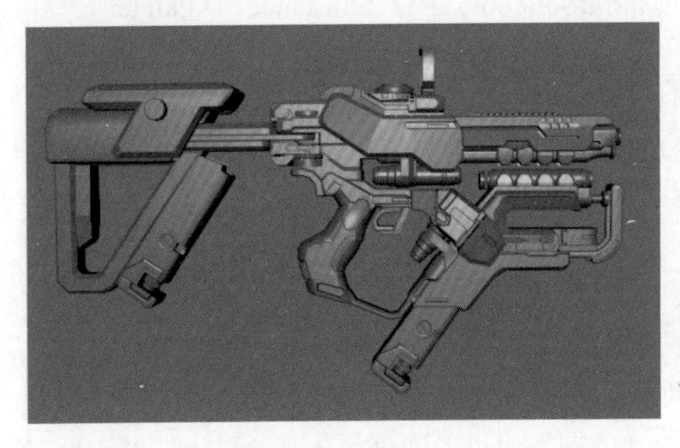

图 6-4　细节与倒角

（3）高模细化。在中模之后进行高模细化，添加细分级别，进行布线的修改，使模型达到规整的程度。具体方法是在 ZBrush 中进行折边和动态细分预览，如果模型布线问题较为严重，则在 Maya 中进行布线修改（图 6-5）。

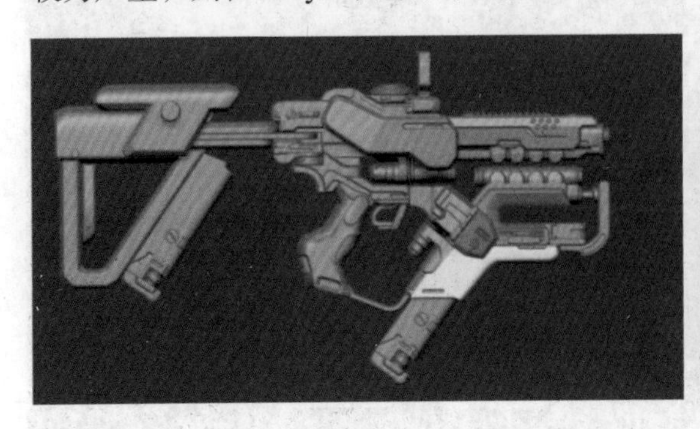

图 6-5　高模

（4）低模拓扑。在完成高模后，在 Maya 中进行低模拓扑，考虑布线和部分小细节的取舍，以达到底面数最优呈现高模的效果，之后再分软硬边（图 6-6）。

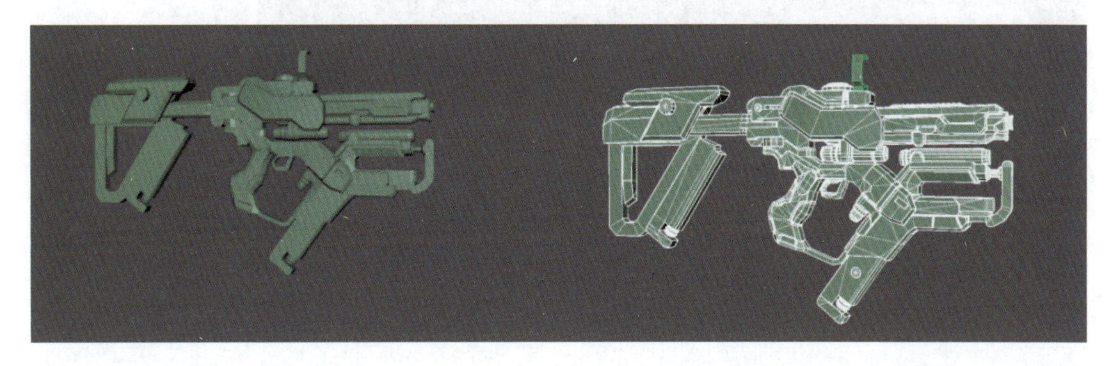

图 6-6　低模拓扑

（5）UV 拆分和摆放。将拓扑好的低模导入 RizomUV 中进行 UV 拆分和摆放（图 6-7）。

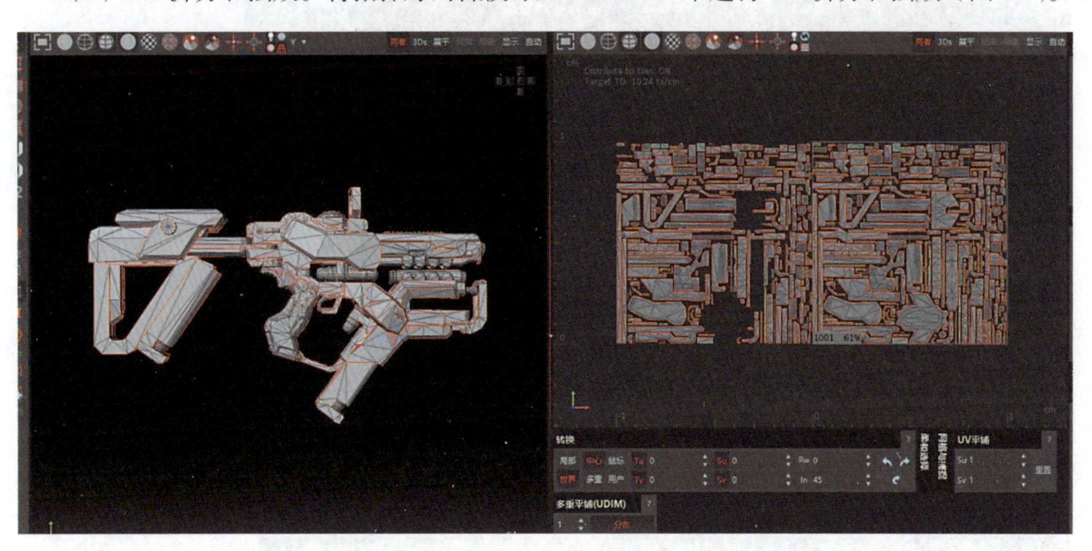

图 6-7　UV 拆分

（6）法线烘焙。将拆分好的 UV 低模和高模导入 Marmoset Toolbag 4 进行法线烘焙，将高模的细节烘焙到低模上。使用低模贴图可以节省模型资产在项目中的大小（图 6-8）。

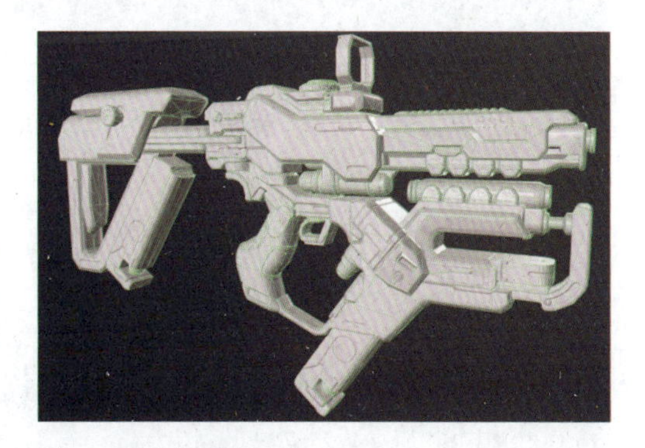

图 6-8　烘焙图片渲染

（7）贴图绘制。将低模和在 Marmoset Toolbag 4 中烘焙出的贴图导入 Substance 3D Painter 中进行贴图绘制。在绘制贴图时要结合最终渲染引擎的显示效果进行调整（图 6-9）。

（8）最终渲染。最后导出贴图，将低模和贴图导入 Marmoset Toolbag 4 进行渲染，加入渲染效果，如灯光和 HDR 贴图等（图 6-10）。

图 6-9 贴图绘制

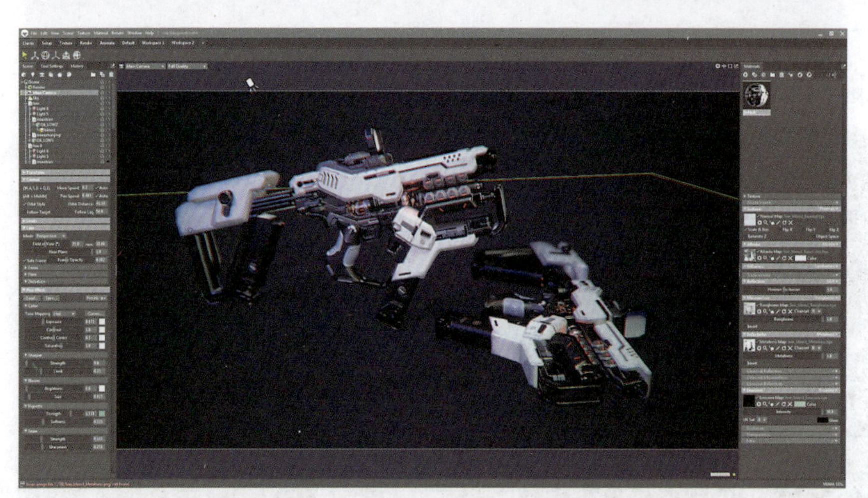

图 6-10 最终渲染

3）成果展示

最终的成果展示如图 6-11~ 图 6-13 所示。

图 6-11 成果展示 1

图 6-12　成果展示 2

图 6-13　成果展示 3

## 6.1.1　AIGC 图片转三维模型

微课视频

传统的三维制作方式相对复杂，需要设计师掌握多种专业技能和软件工具。这些复杂的技术和流程往往会对初学者造成巨大的学习障碍。此外，传统三维建模和动画制作过程耗时较长，需要大量的手动操作和细致调整，尤其是在制作高精度特效作品时，时间和精力的投入更多。

然而，随着 AIGC 技术的发展，利用人工智能生成低精度的三维模型成为一种高效替代方案。这些低精度模型虽然在细节上可能不如传统方法制作的模型精细，但在特效作品的创作过程中依然可以发挥重要作用。通过使用 AIGC 生成的三维模型，设计师可以显著减少建模时间和精力，快速构建所需的三维场景和动画效果，尤其在需要快速迭代和原型设计的项目中，更能体现其优势。接下来将通过 AI 辅助三维创作流程的案例进行展示，并介绍各种大模型的具体使用方法，以帮助读者更好地理解和应用 AIGC 技术（以下案例均为编者制作）。

### 1. Triposrai

通过上传图片，Triposrai 可以快速生成三维模型，适用于各种创作需求。具体操作步骤如图 6-14 所示。

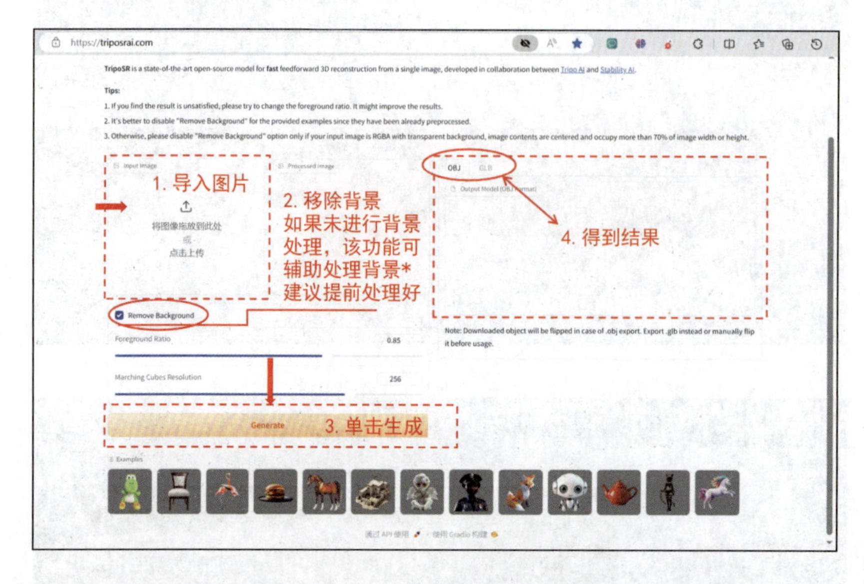


图 6-14 操作流程图

（1）使用其他图片类 AIGC 工具生成所需图片（图 6-15 所示案例为 DALL · E 软件生成）。后面所有软件操作均使用此图，可对比生成模型精度。

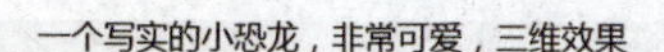

图 6-15 恐龙图片生成（来源：Open AI 的 DALL · E 模型）

（2）处理图片，对生成的图片进行处理，清除杂乱的背景。可以通过 Photoshop 进行手动抠图，或者使用神采 Prome 等 AIGC 工具自动抠图。此步骤有助于简化后续的三维模型生成过程，使图片更适合转换。

该案例上一步骤中生成图片背景颜色和物体区分明显（图 6-16），可以轻易识别，不需要处理。

图 6-16　恐龙大图

（3）上传图片，将处理后的图片上传到 Triposrai 平台。在上传界面选择适当的图片文件，确保其符合平台的格式要求（图 6-17）。

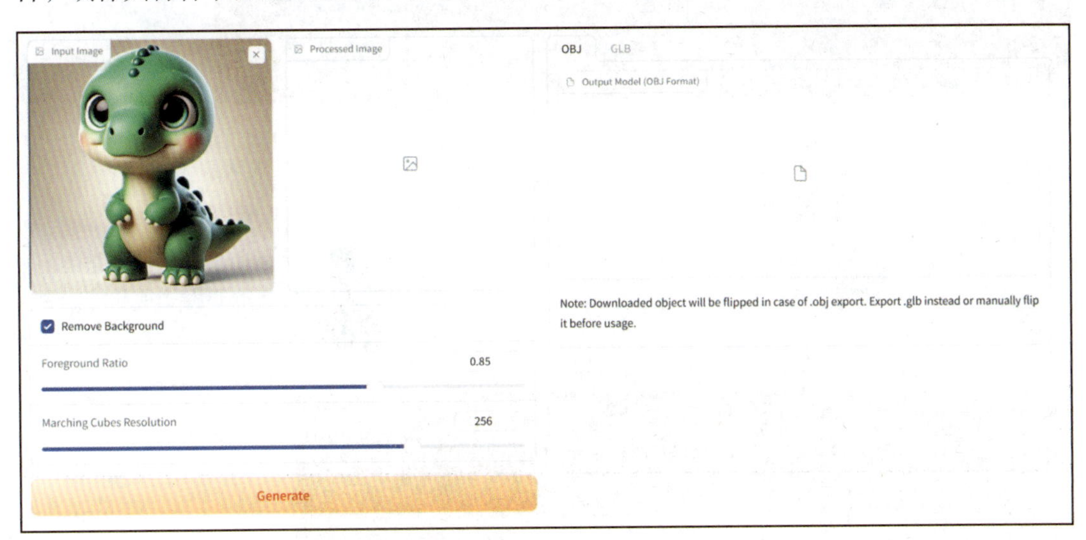


图 6-17　Triposrai 平台操作

（4）单击平台上的“Generate”按钮，系统将自动识别图像并生成三维模型。此过程通常需要约 1 分钟时间，具体时长取决于图片的复杂度和平台的计算资源。

（5）生成完成后，用户可以下载生成的三维模型（图 6-18）。Triposrai 提供了两种下载模式：Obj 和 Glb。选择适合自己需求的格式进行下载，以便在后续的三维创作和应用中使用（图 6-19）。

优点：免费使用（测试操作时），等待时间较短。

缺点：单模型精度相对较低，且生成模型不带颜色贴图（白模）。

下载模型文件：Obj、Glb。

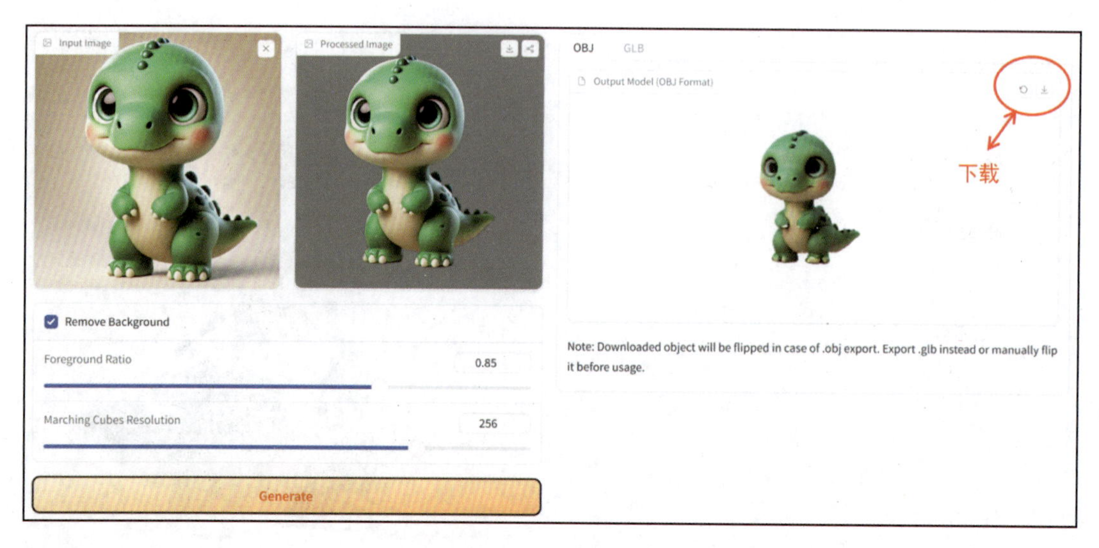


图 6-18 生成与下载模型

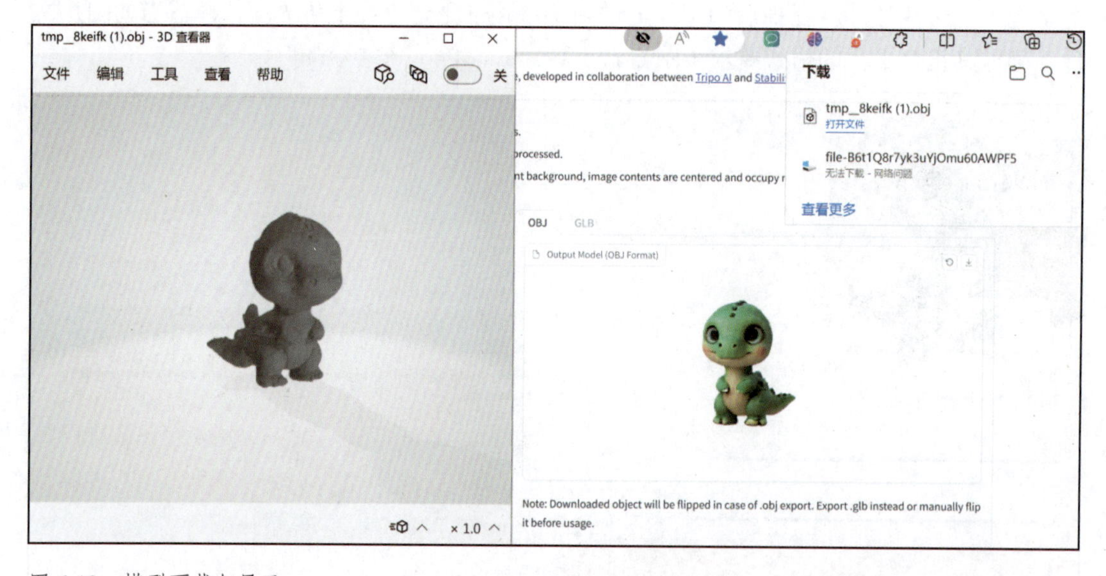


图 6-19 模型下载与展示

## 2. Meshy

Meshy 是功能强大的三维模型生成网站，能够提供高精度的三维模型，并支持多种格式输出，广泛应用于影视特效和游戏设计等领域。该平台的主要功能包括文字生成三维模型和图片生成三维模型，生成的模型带有贴图，支持多种文件格式，如 Fbx、Obj、Glb、Usdz、Stl 和 Blend。

1）文字生成三维模型步骤

（1）在图 6-20 所示界面左侧的输入框中输入所需生成三维模型的文字描述。

（2）单击“生成”按钮，系统会开始处理并生成初步的三维模型。

（3）等待一定时间后，单击“细化”按钮，系统会进一步处理模型，使其更为精细，并提供模型预览图。

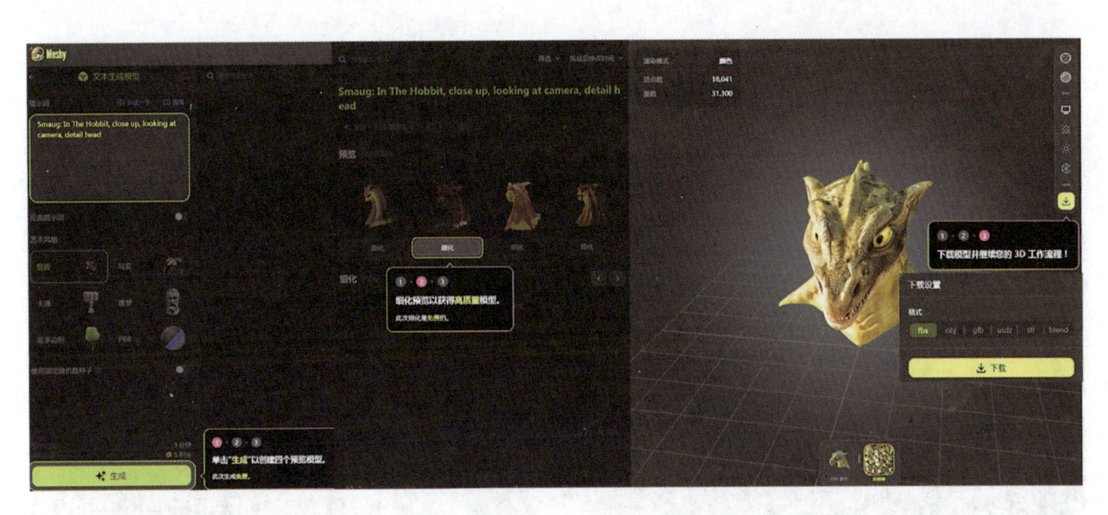


图 6-20　Meshy 操作流程

（4）选择需要的文件格式下载生成的三维模型，如图 6-21 所示。

2）图片生成三维模型步骤

（1）在界面左侧上传预处理后的图片。注意图片应经过预处理，确保背景干净，以提高生成效果（图 6-22）。

图 6-21　Meshy 模型展示

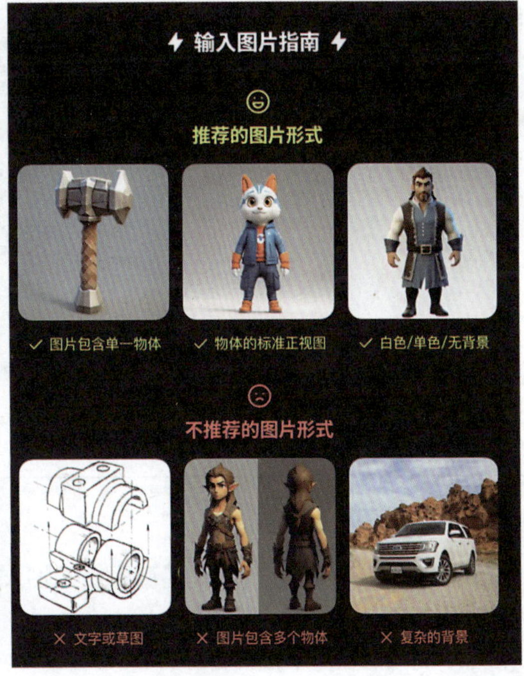


图 6-22　图片注意格式

（2）单击“生成”按钮，系统会识别并处理图片，生成对应的三维模型。

（3）一定时间后（根据图片难易程度，示例等待 1 分钟左右），系统将生成的三维模型提供预览。

（4）选择需要的文件格式下载生成的三维模型，如图 6-23 和图 6-24 所示。

图 6-23　Meshy 生成模型及下载

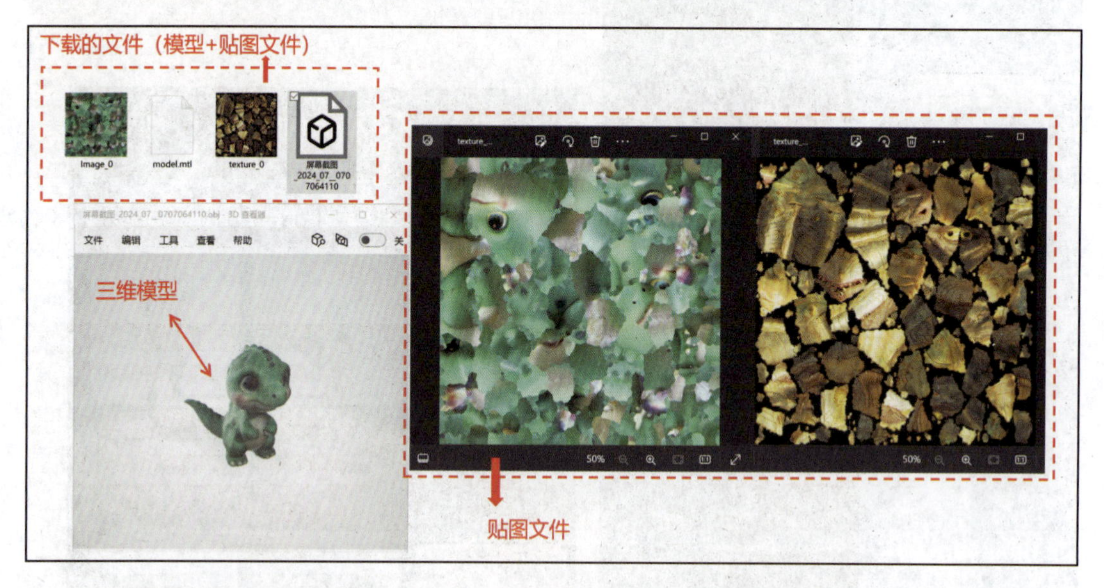


图 6-24　Meshy 模型及贴图展示

优点：等待时间较短，生成模型附带贴图文件；上传正面图片，侧面、背面补充相对较为完整。

缺点：付费使用（网站为新用户提供一定次数的免费使用，之后需按使用量收费）；虽然在 AI 生成模型的工具中其模型精度较为完整，但项目使用中需二次处理模型。

下载模型文件：Fbx、Obj、Glb、Usdz、Stl、Blend。

### 3. VoxCraft

VoxCraft 是一个专注于生成和编辑简单三维模型的平台。该网站的核心功能是将二维图片转换为三维模型，其操作流程简便，为用户提供了直观的使用体验。

操作步骤如图 6-25 所示。该网站支持通过上传图片生成三维模型。用户只需单击网页上的“Generate 3D Model”按钮，上传需要转换的图片，并等待系统自动生成三维模型（该示例图片大约等待 20 分钟）。整个过程简洁明了，非常适合初学者和对复杂操作不熟悉的用户。

下载文件，如图 6-26 所示。

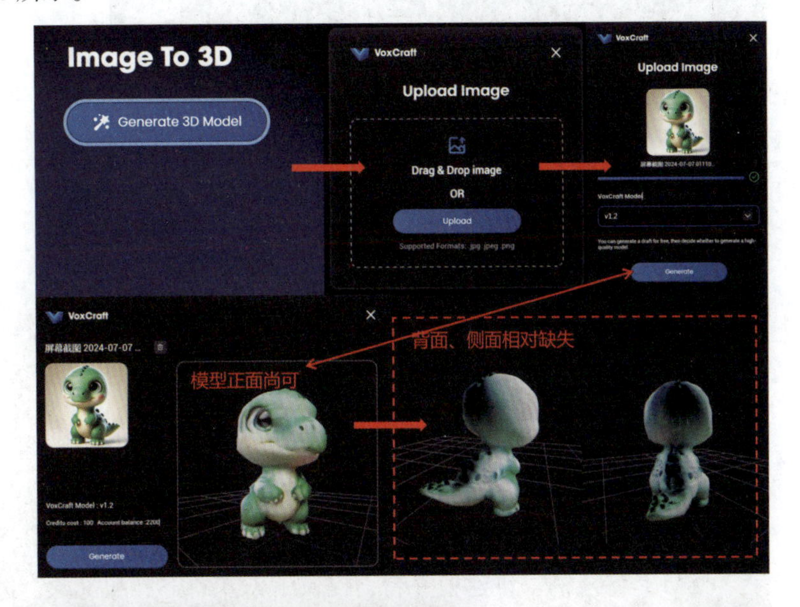


图 6-25　VoxCraft 操作步骤

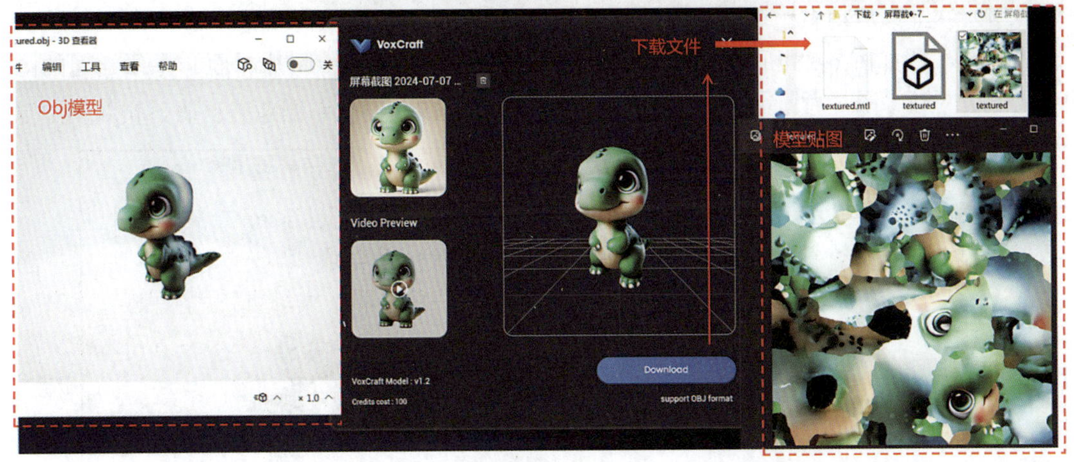


图 6-26　VoxCraft 模型下载及展示

优点：免费使用（测试操作时）；整个网站只有一个生成按键，操作简单。

缺点：等待时间过长，模型精度低。

下载模型文件：Obj。

### 4. Aiuni.ai

利用 AI 技术，Aiuni.ai 可将照片自动转换为三维模型，操作简便，适合快速原型设计（注册邀请码：Aiuni24，如过期可从注册页面进入其 Discord 频道重新获取）。操作步骤如图 6-27 所示。选择网站“3D Model”模块，上传图片并单击“Generate 生成”按钮，等待系统自动生成三维模型（生成该示例图片大约需要等待 5 分钟），最后下载模型。

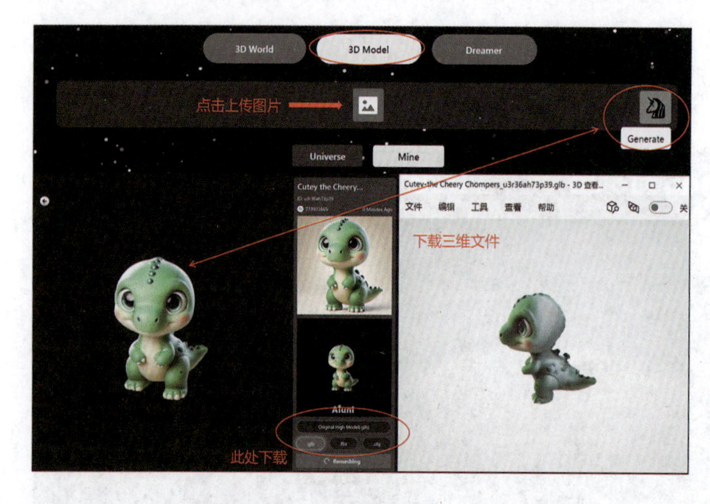


图 6-27　Aiuni.ai 操作步骤

优点：免费使用（测试操作时）；操作简单。

缺点：等待时间长，模型精度低，模型侧面、背面不准确。

下载模型文件：Glb、Fbx、Obj。

### 5. CSM

CSM 是专业的三维建模平台，提供了丰富的工具和资源，付费版可以满足图片转三维模型、三维模型动态化等，适用于各种创作需求。

操作步骤如图 6-28 所示。单击主页图片转三维，进入上传图片界面，将预处理的图片上传至网站（图片背景干净），调节所需参数后单击生成即可。

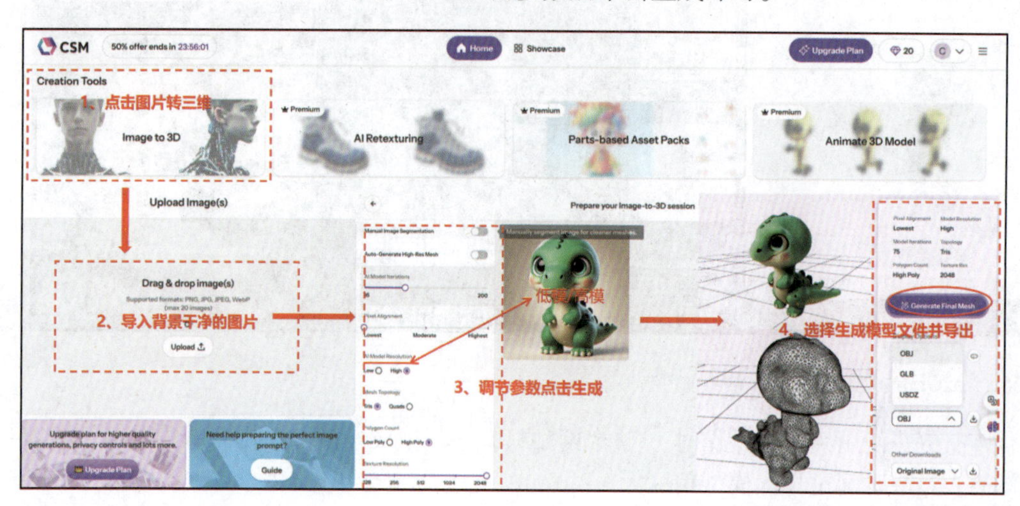


图 6-28　CSM 操作步骤

该网站可以选择生成低精度模型和高精度模型。

优点：操作简单，含“图片转三维”“模型动画化”等多功能操作，可以满足影视、游戏等需求；模型生成带贴图，且生成模型精度较高，侧面、背面等地方也处理得较好。

缺点：付费，高精度模型等待时间长。

下载模型文件：Glb、Fbx、Usdz。

### 6. Artefacts.ai

Artefacts.ai 软件提供了多功能的三维建模工具，支持复杂场景的生成和编辑，具备文字转三维、图片转三维等功能。

单击“图片转三维”按钮，导入预处理图片（背景干净），单击“开始生成”按钮，等待 1 分钟左右，即可下载模型，如图 6-29 和图 6-30 所示。

图 6-29　Artefacts.ai 操作流程图

图 6-30　Artefacts.ai 模型下载与贴图展示

优点：操作简单，模型精度高且贴图非常还原，侧面、背面等地方处理得较好，可以满足影视、游戏等需求；等待时间短（1 分钟左右）。

缺点：付费，高精度模型等待时间长。

下载模型文件：Glb、Fbx、Mp4、Quad。

**思考：**通过本章的学习，相信你对 AIGC 辅助三维设计已经有了一定的了解。请讨论在图片转三维模型过程中，数据预处理的必要性和重要性。为什么干净的背景和清晰的图像会对模型生成效果产生显著影响？

## 6.1.2 AIGC 图片转三维场景

在三维场景生成方面，AIGC 技术同样展示了其强大的能力。通过简单的输入，创作者可以快速生成高清的 HDRI 环境贴图，帮助制作影视作品中的三维场景，大大提升了创作效率。

通过 Skybox AI 的 Skybox.blockadelabs 模块可快速生成高质量的三维场景，适用于影视、虚拟现实和游戏开发。操作说明如图 6-31 所示。

图 6-31　Skybox.blockadelabs 操作流程图

（1）登录 Skybox AI 网站首页，单击“Select a Skybox to get started”下拉列表，选择喜欢画风的模型库开始生成。

（2）在选择了合适的模型库后，选择任意一个大模型，并在输入框中描述需要生成的场景。请确保描述内容准确，并翻译为英文，以便系统更好地理解和生成相应的三维场景。

（3）单击生成按钮，系统会根据描述，快速生成三维场景。生成完成后，下载 360° 全景图和黑白深度图（也支持三维模型下载）（图 6-32）。这些图像可以导入 Maya、Blender 等三维软件中，作为场景贴图使用，从而构建完整的三维环境。

同一描述词，不同模型库下生成结果如图 6-33 所示。

图 6-32
360° 场景图生成

图 6-33
不同场景生成

优点：操作简单，生成快速（案例等待约 30 秒），可供使用模型库（画风）多。

缺点：付费。

下载模型文件：球幕全景图（360°）的 JPG、PNG；立方体贴图的 Default、Roblox；HDR；深度图；视频；场景三维模型。

**思考：**讨论在三维场景生成过程中，如何将创意与技术结合，考虑描述的准确性、模型库的选择等因素对最终生成结果的影响。

请运用所学知识，选择一个特定主题（如未来城市、幻想森林等），利用 Skybox.blockadelabs 等网站生成三维场景。

## 6.1.3　三维模型 / 角色动作绑定

微课视频

在掌握了 AIGC 技术生成三维模型及场景后，下一步是学习如何对这些三维模型进行动作绑定，从而实现完整的场景和影视作品制作。动作绑定是指为三维模型添加骨骼结构和动画，使其能够进行复杂的动作和交互。以下将详细讲解如何运用 AIGC 技术进行三维模型的动作绑定。

### 1. Mixamo

Mixamo 是一个在线平台，提供自动化的动作绑定和动画生成服务。用户只需上传三维模型，它会自动为其添加骨骼结构，并提供多种预设的动画供选择。

操作步骤如下。

（1）上传三维模型。访问 Mixamo 平台，单击 Upload Character 按钮，上传已生成的三维模型文件（支持格式包括 Fbx、Obj 等）。

模型需要 T-Pose，如果模型图片不符合标准，需要提前使用大模型网站转换模型图片，并使用 AI 转三维网站将图片重新处理为三维模型，如图 6-34 和图 6-35 所示。

图 6-34　T-Pose 二维图像生成（来源：Open AI 的 DALL · E 模型）

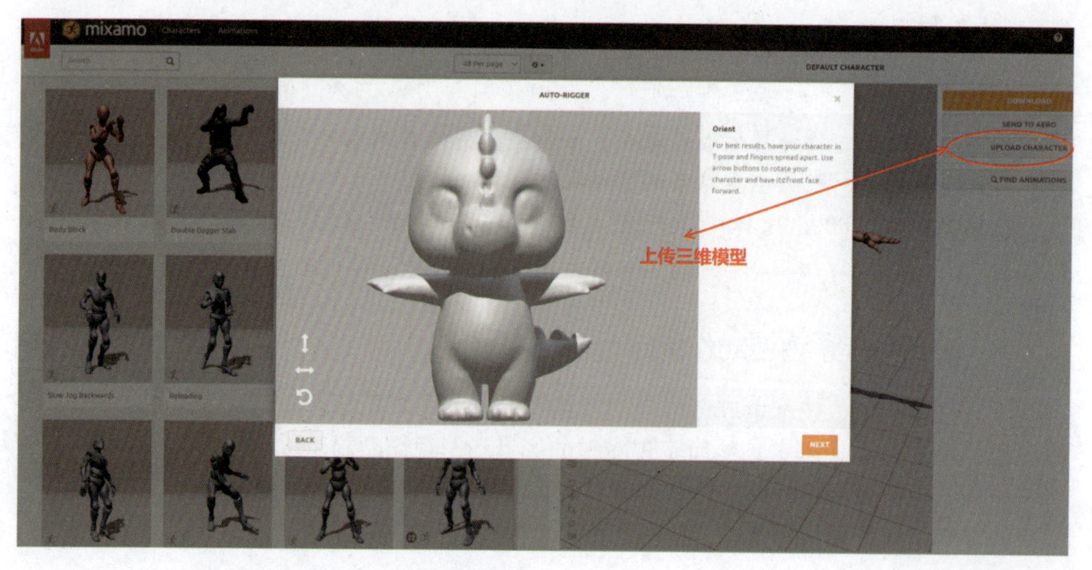


图 6-35　T-Pose 三维模型上传（来源：三维模型由 CSM 生成）

（2）自动骨骼生成。上传完成后将代表关节的圈放在如图模型身体指定位置，Mixamo 会自动分析模型结构，并生成相应的骨骼。用户可以在预览窗口中查看生成的骨骼结构，并进行必要的调整（图 6-36）。

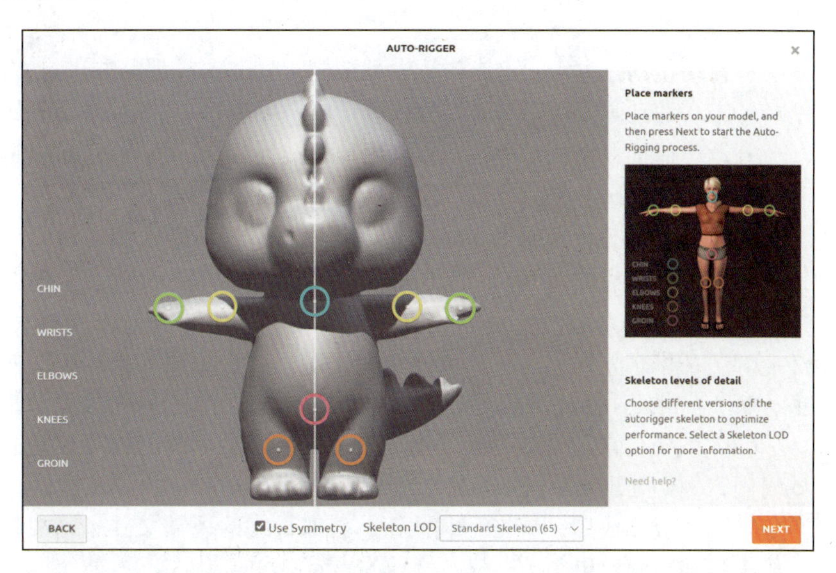


图 6-36
Mixamo 界面骨骼定位

（3）选择动画。在 Mixamo 的动画库中，选择所需的动画类型。Mixamo 提供了丰富的动画模板，包括走路、跑步、跳跃等。用户可以预览并应用这些动画到模型上（图 6-37）。

（4）下载绑定完成的模型。应用动画后，单击 Download 按钮，选择适合的文件格式（如 Fbx 文件）下载绑定好的三维模型。下载的文件包含骨骼结构和动画数据，导入其他三维软件中（如 Maya、Blender）进行进一步编辑和使用。

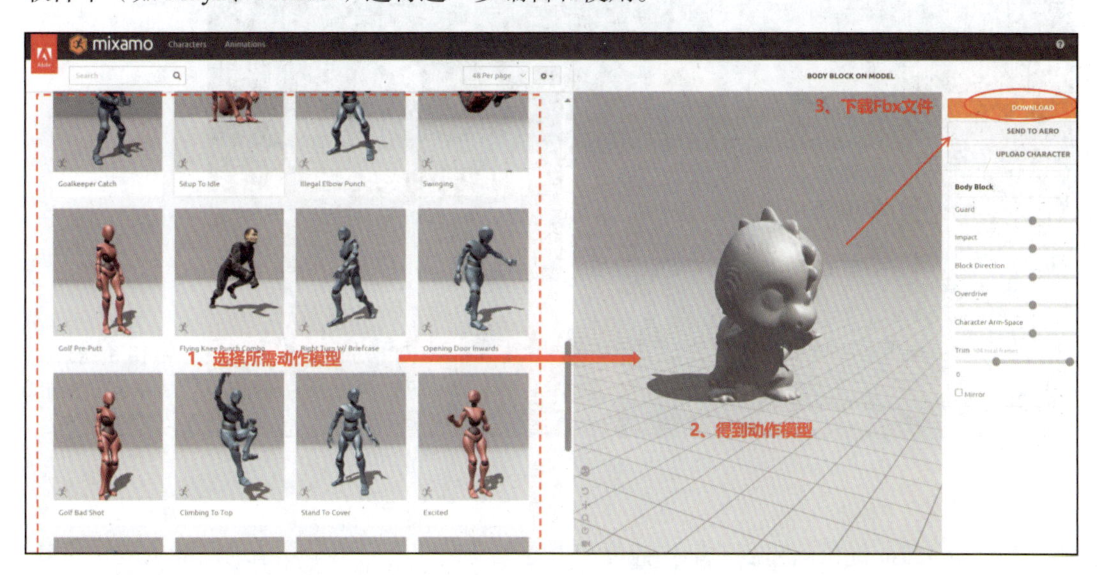


图 6-37　Mixamo 智能动态

## 2. Wonder Studio

该网站提供了功能强大的三维动画工具，利用人工智能技术，简化了三维模型的动作绑定和动画生成过程。其智能化界面设计，使得初学者和专业设计师都能轻松上手，为影视特效、游戏设计和虚拟现实等领域提供了高效的解决方案。

Wonder Studio 提供了多种自动化工具，支持快速为三维模型添加骨骼结构和动画。其主要功能如下。

- 自动化动作绑定：智能分析模型结构，自动生成骨骼并进行绑定。
- 丰富的动画模板：提供多种预设动画，涵盖行走、跑步、跳跃等动作。
- 动作捕捉数据：支持导入和应用动作捕捉数据，实现复杂的动画效果。

使用方法如图 6-38 所示。

（1）单击 Create New Project（创建新项目）按钮进入创建界面。

（2）在创建界面，导入实拍的视频文件。Wonder Studio 会自动识别视频中的人物动态，并提示识别完成。

（3）在识别完成后，将右侧系统自带的三维模型拖入视频中的人物位置，进行一键替换；如果需要使用自定义模型，可以单击加号按钮，上传自己的三维模型文件。

（4）系统会自动处理视频并生成带有三维模型动画的最终视频。这个过程可能需要一些时间，例如处理 10 秒的视频大约需要 1 小时（可关闭网站线上后台处理后登录查看）。

（5）生成完成后，单击下载按钮，获取最终的视频文件。该视频已经包含了绑定好的三维模型和动画效果。

图 6-38
Woder Studio
操作流程图

### 3. Motion plask

Motion plask 提供高精度的动作捕捉和绑定工具，广泛应用于复杂动画的生成和编辑。其主要功能包括自动化动作捕捉、骨骼绑定以及多格式文件输出等。

使用方法如图 6-39 所示。

（1）导入已经绑定好骨骼的 Fbx 或 Glb 格式的模型文件。这些模型文件可以在 Maya、Blender 等三维软件中进行骨骼绑定，或者在 Mixamo 等网页工具中进行一键自动绑定并导出骨骼文件。

（2）导入一个录制动作的 MP4 视频文件。要求视频中的动作清晰且背景干净，以便系统能够准确识别和捕捉动作。

（3）将已绑定骨骼的模型文件拖到中间的工作区域，系统会自动加载模型。

（4）模型加载完成后，模型信息会显示在左侧的信息栏中。

（5）按住鼠标左键不松，将动作文件（录制视频）拖曳到 Mixamorig 节点上松开，即可完成模型的自动绑定（AI 动作捕捉）。

（6）单击播放按钮，预览绑定了动作的三维模型，检查动画效果。

（7）确认动画无误后，单击导出按钮。系统支持导出 Fbx、Glb 和 Bvh 格式的文件，用户可以选择所需格式进行导出（图 6-39 和图 6-40）。

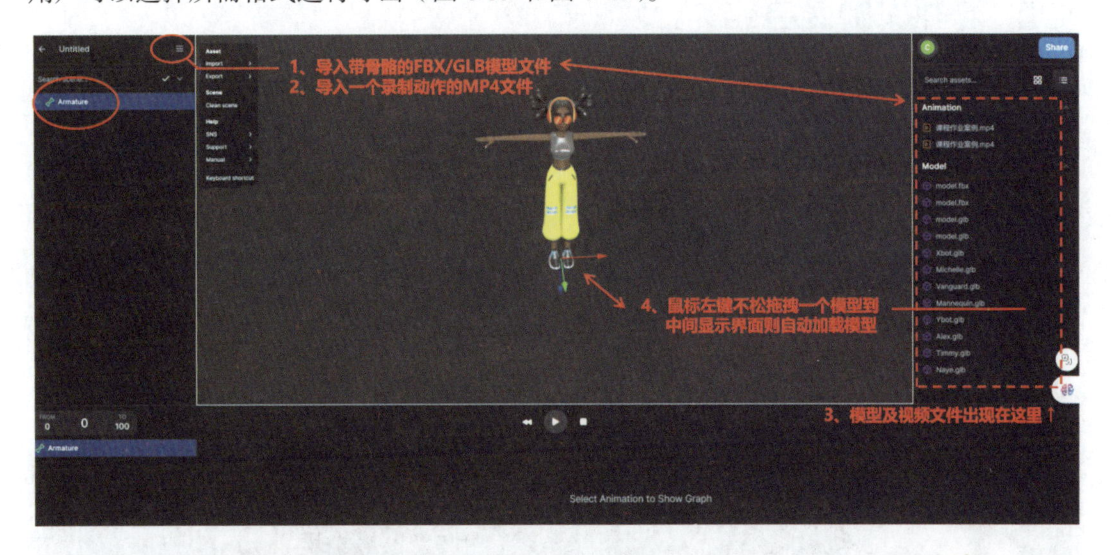


图 6-39　Motion plask 操作流程图

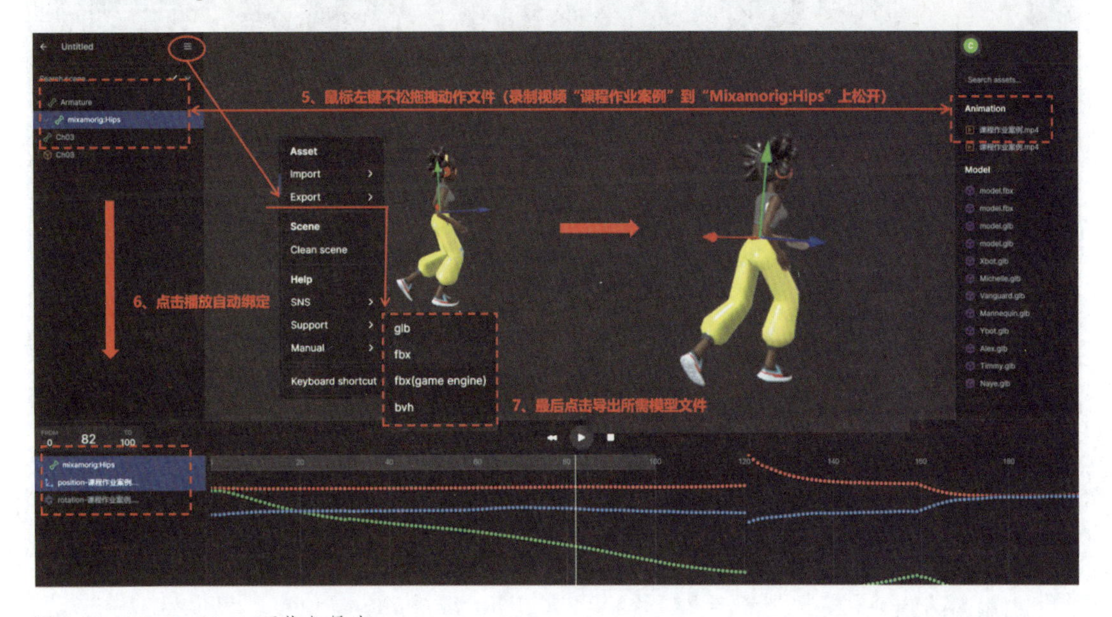


图 6-40　Motion Plask 下载与导出

得到绑定动态的模型文件后，可以将其导入三维软件（如 Maya、Blender）或合成软件（如 Adobe After Effects）中，继续进行细节编辑和最终的动画制作。Motion Plask 通过简化复杂的动作捕捉和模型绑定过程，为动画师和设计师提供了高效的工具，显著提高了动画制作的效率和创作自由度。

**思考：**本节详细介绍了如何使用 AI 进行三维模型的动作捕捉和绑定。想一想 AI 辅助三维模型动作绑定的流程对你有什么帮助。根据以上步骤使用任选软件为一个新的三维模型添加动作绑定，可以选择任何你感兴趣的项目，如虚拟角色、动物模型或科幻场景中的机器人等。

## 6.2 学生案例展示

通过前几章的学习，我们已经掌握了许多关于 AIGC（人工智能生成内容）技术与三维制作的内容。接下来将展示一些优秀的学生作业，这些作品不仅展示了技术的应用，还体现了学生们的创造力与艺术表现力。通过欣赏这些作品，希望能为后续的创作提供灵感和思路。

### 1. 作者姓名：张卉莹

专业与年级：浙江传媒学院动画专业大二。

创作周期：8 周。

使用软件：Maya、Substance Painter、Arnold、CSM（图 6-41）。

图 6-41　学生作品 1

### 2. 作者姓名：彭杏柔

专业与年级：浙江传媒学院动画专业大二。

创作周期：8 周。

使用软件：Maya、Substance Painter、Arnold、CSM（图 6-42）。

图 6-42　学生作品 2

### 3. 作者姓名：张文婷

专业与年级：浙江传媒学院动画专业大二。

创作周期：8 周。

使用软件：Maya、Substance Painter、Arnold、CSM（图 6-43）。

图 6-43
学生作品 3

### 4. 作者姓名：赵冠羽

专业与年级：浙江传媒学院动画专业大二。

创作周期：8 周。

使用软件：Maya、Substance Painter、Arnold、CSM（图 6-44）。

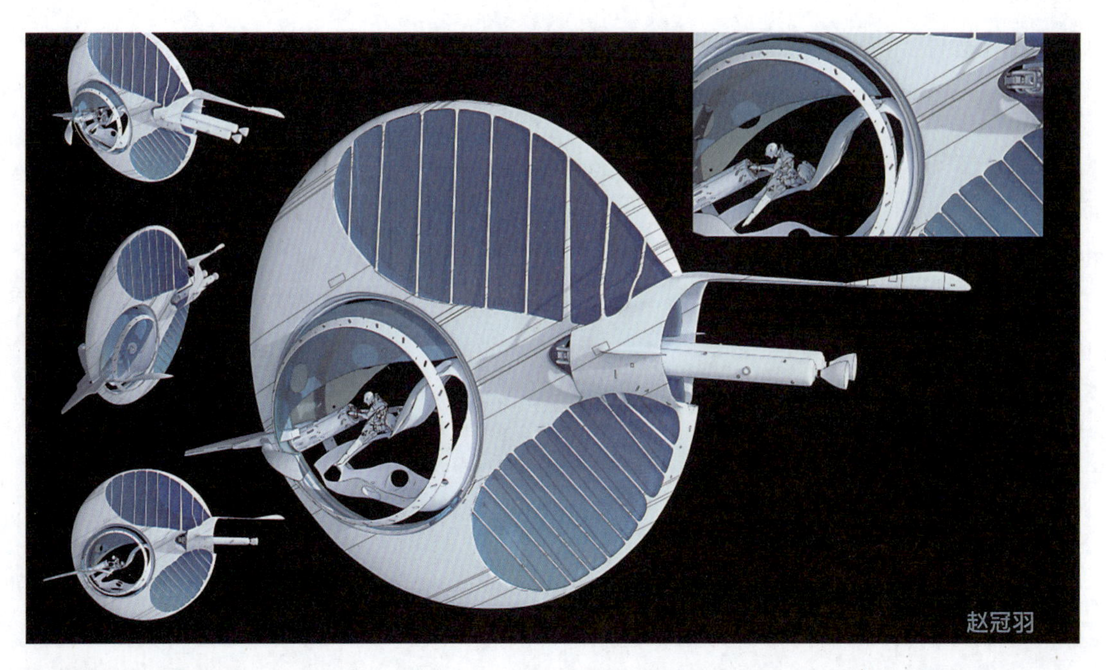


图 6-44 学生作品 4

### 5. 作者姓名：刘奕欣

专业与年级：浙江传媒学院动画专业大二。
创作周期：8 周。
使用软件：Maya、Substance Painter、Arnold、CSM（图 6-45）。

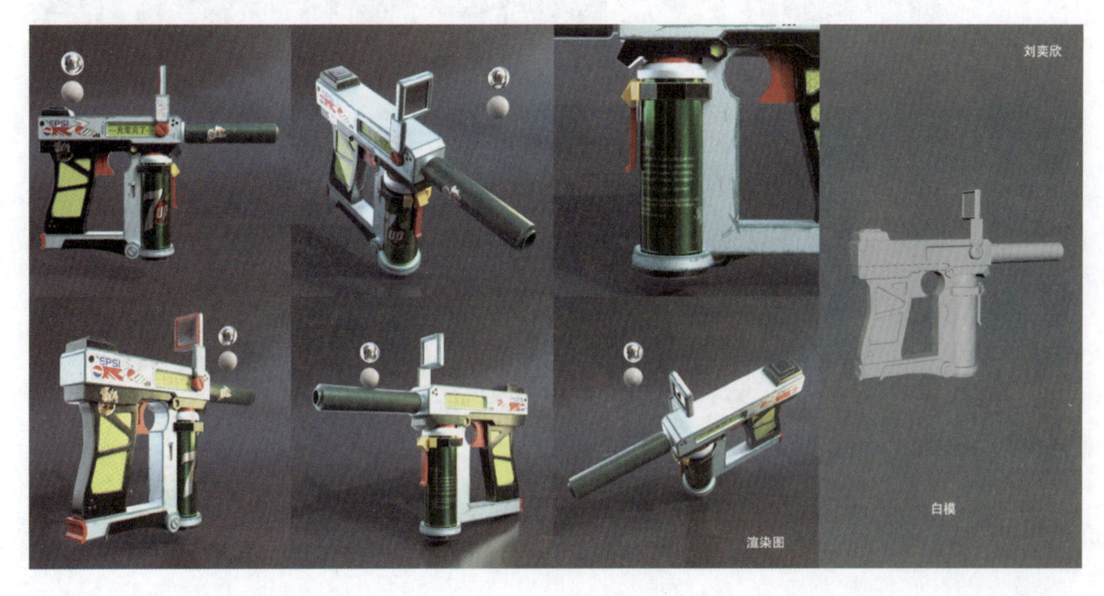


图 6-45 学生作品 5

### 6. 作者姓名：符诒惠

专业与年级：浙江传媒学院动画专业大二。

创作周期：8 周。

使用软件：Maya、Substance Painter、Arnold、CSM（图 6-46）。

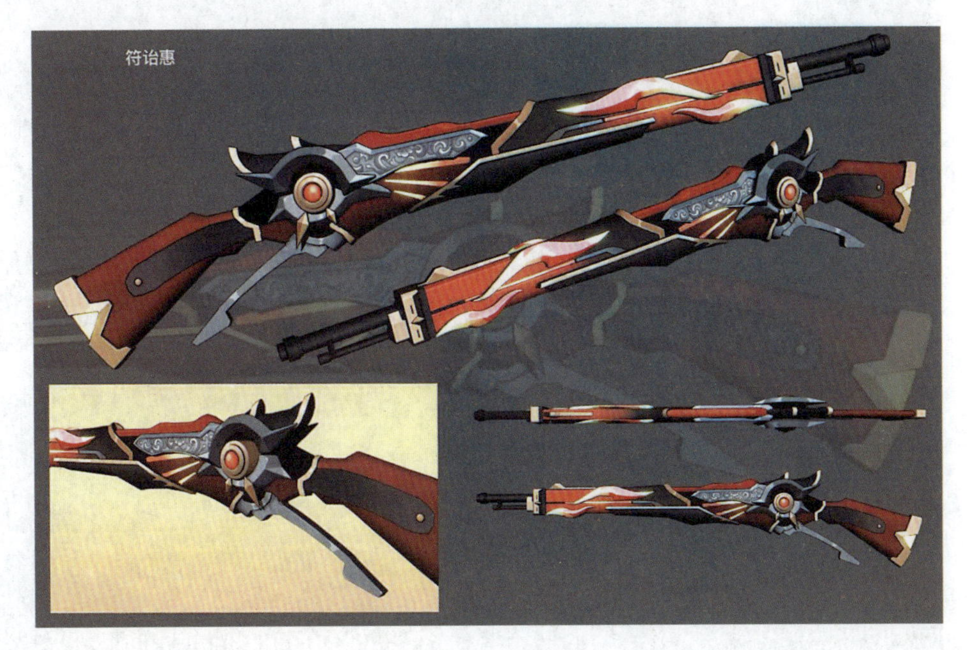


图 6-46
学生作品 6

### 7. 作者姓名：于子涵

专业与年级：浙江传媒学院动画专业大二。

创作周期：8 周。

使用软件：Maya、Substance Painter、Arnold、CSM（图 6-47）。

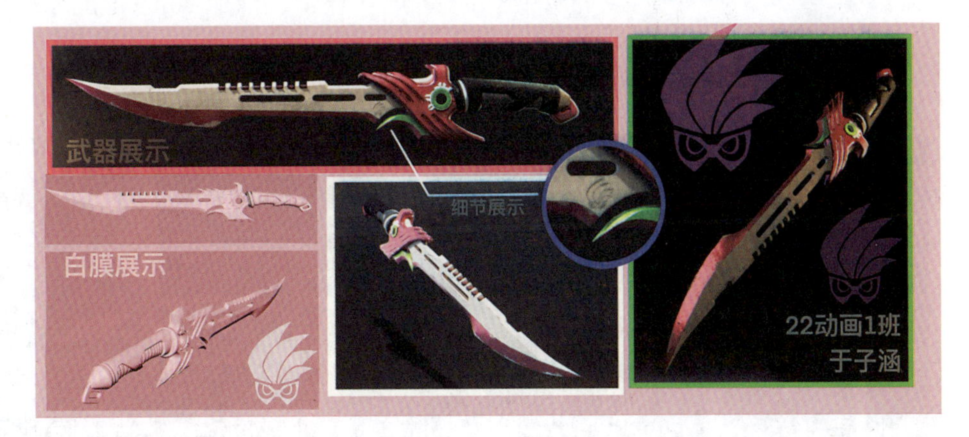


图 6-47
学生作品 7

### 8. 作者姓名：郑姣君

专业与年级：浙江传媒学院动画专业大二。

创作周期：8 周。

使用软件：Maya、Substance Painter、Arnold、CSM（图 6-48）。

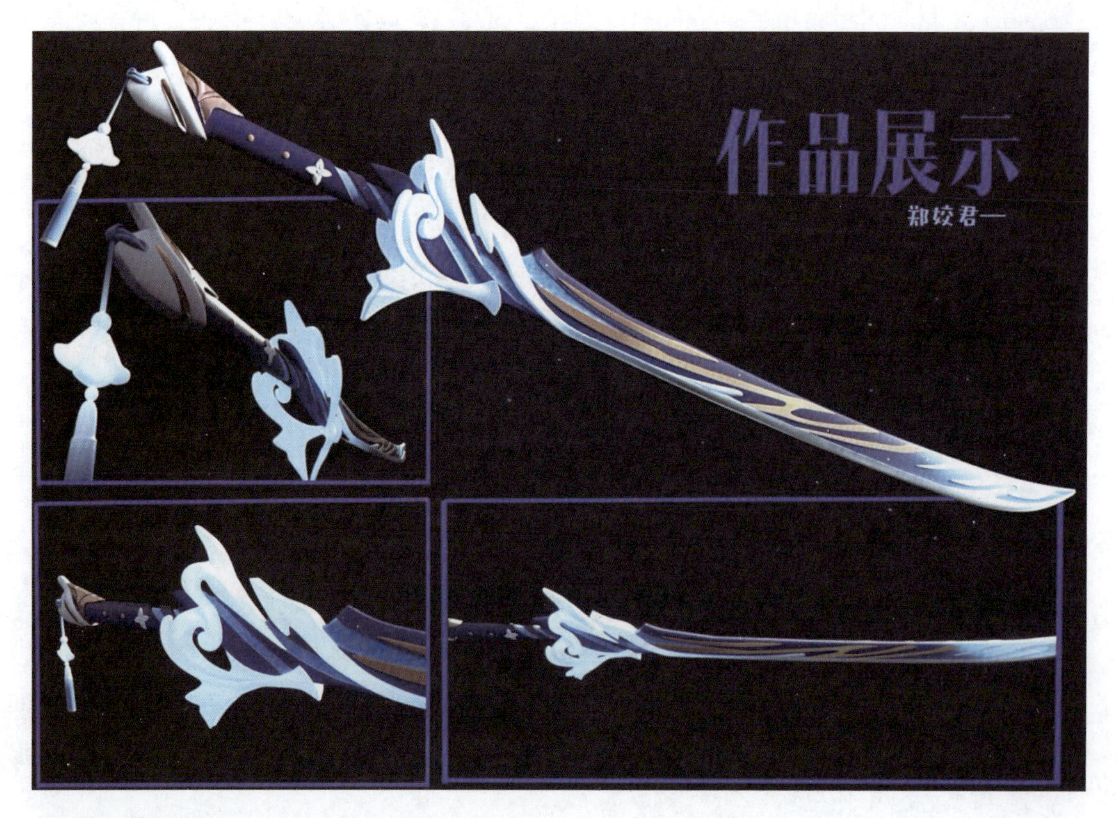


图 6-48　学生作品 8

### 9. 作者姓名：虞晶晶

专业与年级：浙江传媒学院动画专业大二。

创作周期：8 周。

使用软件：Maya、Substance Painter、Arnold、CSM（图 6-49）。

图 6-49　学生作品 9

### 10. 作者姓名：李守幸

专业与年级：浙江传媒学院动画专业大二。
创作周期：8 周。
使用软件：Maya、Substance Painter、Arnold、CSM（图 6-50）。

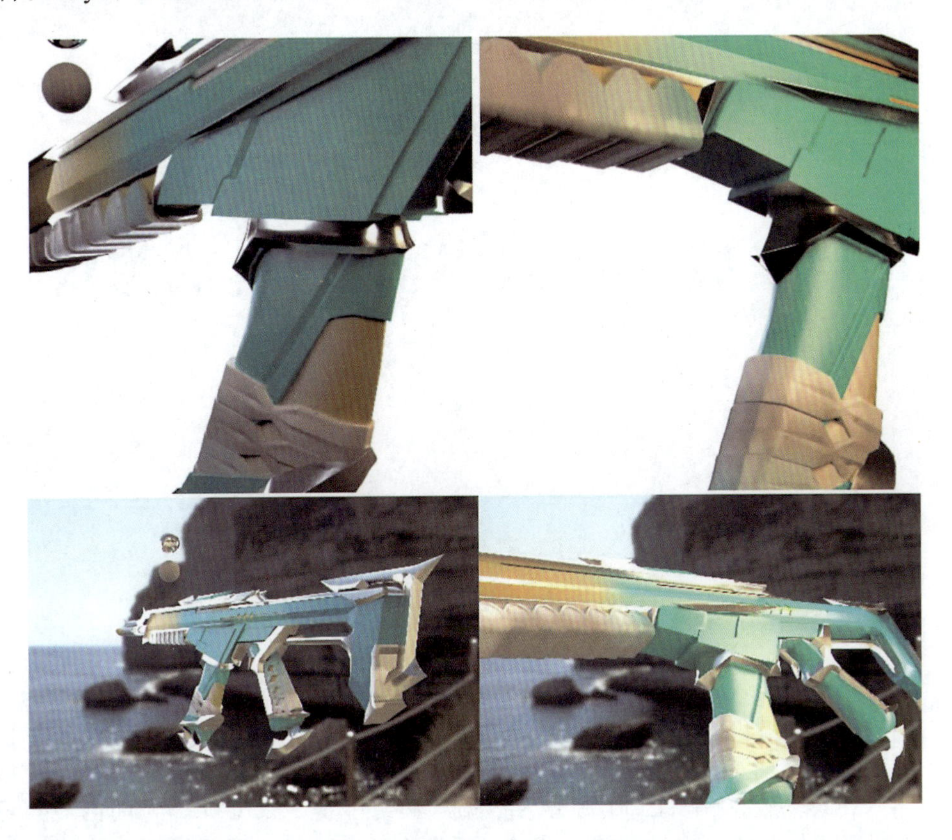

图 6-50
学生作品 10

### 思考与练习

讨论在三维模型生成和动作绑定过程中，如何最大化利用 AIGC 技术的潜力，并运用所学知识，完成以下任务。

1. 选择一款 AIGC 模型，设计一张高质量的 IP 形象图片，进行预处理，清除背景中的杂乱。

2. 选择大模型网站上传图片并生成三维模型。

3. 下载生成的模型，并在三维软件（如 Blender 或 Maya）中进行进一步编辑和优化。

4. 使用上个小节作业生成的场景，并让你的模型在场景中活动起来。

# 项目实战：AIGC 视频短片优秀获奖案例

## 7.1 项目管理规划

AIGC 特效制作的工作流程为数据采集与准备→模型训练与优化→特效生成与优化→实时预览与调整→后期合成与渲染→质量控制与最终输出。

首先需要收集大量的相关数据，包括影像、音频、文本等。这些数据将作为 AI 模型学习和训练的基础。然后利用深度学习技术，建立和训练适用于特定任务的 AI 模型。例如，针对角色生成、场景渲染或特效合成，需要训练不同的模型来生成相应的效果。在训练过程中，对模型进行不断优化和调整，以提高生成效果的质量和准确性。一旦训练完成，AI 模型就可以开始生成特效内容。根据任务需求和输入的参数，AI 能够自动生成复杂的视觉效果，如角色动画、场景布局和物理特效等。生成的效果可能需要经过进一步的优化和调整，确保与预期效果一致。在特效生成过程中，团队可以利用实时渲染技术进行预览和调整。这些技术能够帮助团队即时查看生成的效果，并在必要时对参数进行调整，以满足艺术和技术上的要求。

其次将生成的特效与实拍素材进行合成。AI 生成的内容会与实际拍摄的影像进行融合，以达到无缝集成的效果。这个阶段需要专业的合成技术和高性能的渲染设备，以确保最终的视觉效果达到高水平。接着在所有的特效生成和合成工作完成后，需要进行质量控制。团队会对最终输出的影像进行审查和测试，确保没有视觉缺陷或技术问题。最终的输出将会用于电影、电视剧或其他视觉媒体的制作。

整个 AIGC 特效制作的工作流程结合了先进的 AI 技术、实时渲染和合成技术，通过自动化和智能化的处理，显著提升了特效制作的效率和质量，为影视行业带来了新的创作可能性和发展机遇。

## 7.2　实战案例分析

### 案例 1

（1）作品名称：《这里曾经有棵树》（*A Tree Once Grew Here*）。

（2）作者姓名：John Semerad、Dara Semerad。

（3）作品截图：图 7-1~ 图 7-4。

图 7-1 《这里曾经有棵树》分镜 1

图 7-2 《这里曾经有棵树》分镜 2

图 7-3 《这里曾经有棵树》分镜 3

图 7-4 《这里曾经有棵树》分镜 4

（4）参与赛事名称：Runway 2024 电影节。

（5）获奖等级：优胜奖。

（6）作品分析：本片采用点云技术和人工智能内容生成技术，讲述了在世界上最后一家电影院被搬进博物馆、传统电影已经成为历史，而诞生在世纪之初的主人公在弥留之际对媒介经验的回溯以及对电影的记忆，探索了思维过程的可视化表达，力图讨论在生成影像和个人化媒体设备的背景下，传统电影在观看模式、身体经验和人类情感当中无法代替的独特地位。

## 案例 2

（1）作品名称：《蜕化》。

（2）作者信息：监制为孙立军、导演为严湘宇、副导演为芦熙桐，艺术指导为刘梦雅、刘谦和孙佳森。

（3）作品截图：图 7-5~ 图 7-10。

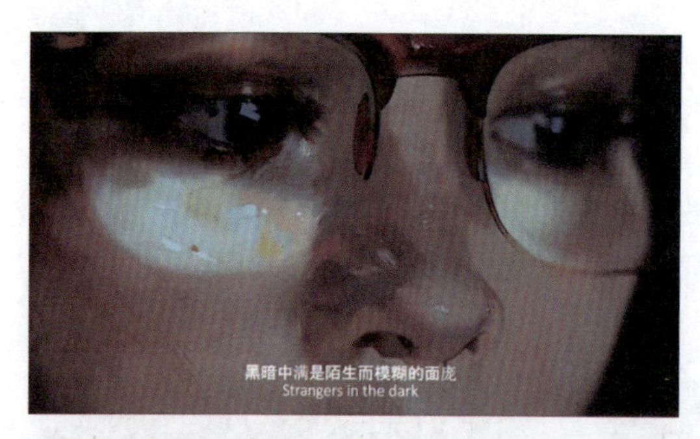

图 7-5 《蜕化》分镜 1

图 7-6 《蜕化》分镜 2

图 7-7 《蜕化》分镜 3

图 7-8 《蜕化》分镜 4

图 7-9 《蜕化》分镜 5

图 7-10 《蜕化》分镜 6

（4）参与赛事名称：第十四届北京国际电影节“AIGC 电影短片大赛”。

（5）获奖等级：AIGC 单元优秀奖。

（6）作品分析：在媒介技术剧变的时代，我们似乎越来越接近巴赞的“完整电影神话”，但在新媒介和 AIGC 的冲击下，这一神话的主角面目愈发模糊。站在传统电影与后电影交织的十字路口，“电影是什么”的问题再度紧迫而难解。本片运用点云技术和 AI 生成技术，讲述世界上最后一家电影院入驻博物馆、传统电影成为历史的故事。诞生于世纪初的主人公在弥留之际回溯媒介经验和电影记忆，探索思维过程的可视化表达。影片力图讨论在生成影像和个人化媒体设备的背景下，传统电影在观影模式、身体经验和人类情感方面不可替代的独特地位。

## 案例 3

（1）作品名称：《万里星河千帐灯》（*Nostalgic Astronaut*）。

（2）作者姓名：祝上。

（3）作品截图：图 7-11~ 图 7-14。

图 7-11 《万里星河千帐灯》分镜 1

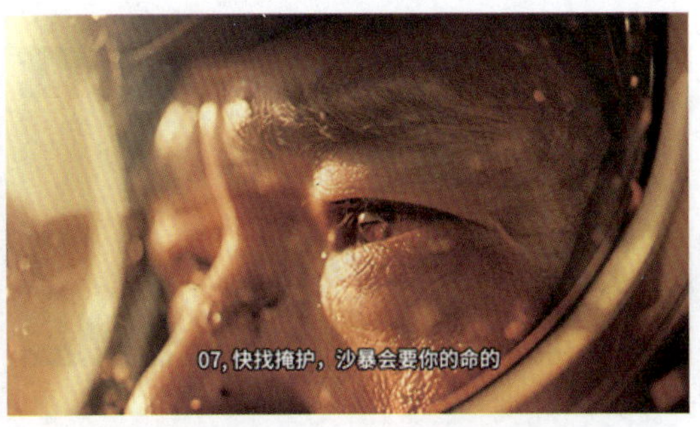


图 7-12 《万里星河千帐灯》分镜 2

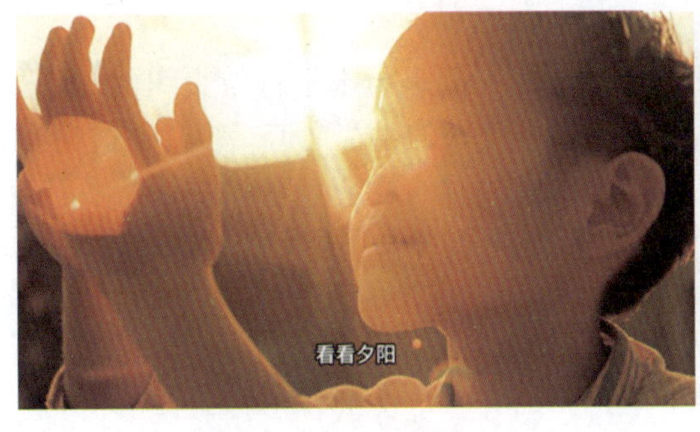


图 7-13 《万里星河千帐灯》分镜 3

图 7-14 《万里星河千帐灯》分镜 4

（4）参与赛事名称：麻省理工学院全球AI 影像黑客马拉松大赛。

（5）获奖级别：最佳影片奖。

（6）作品分析：中国传媒大学戏剧影视学院校友祝上的短片《万里星河千帐灯》荣获麻省理工学院举办的全球AI 影像黑客马拉松大赛最佳影片奖。获奖短片古意盎然，用最新的科技手段与永恒的人文情怀相结合，体现了艺术与科学的交融。

## 案例 4

（1）作品名称：《卡萨布兰卡》。

（2）作者信息：四川传媒学院电影制作专业张立伟老师、智慧广电学院彭怀华老师共同指导，数字媒体技术专业学生于文俊执导，电影制作、数字媒体艺术、新媒体艺术、数字媒体技术专业同学跨专业跨学院组成的团队。

（3）作品截图：图 7-15~ 图 7-18。

图 7-15 《卡萨布兰卡》分镜 1

图 7-16 《卡萨布兰卡》分镜 2

图 7-17 《卡萨布兰卡》分镜 3

图 7-18 《卡萨布兰卡》分镜 4

（4）参与赛事名称：中国 AI 电影节。

（5）获奖等级：最佳人气奖。

（6）作品分析：《卡萨布兰卡》是一部深刻探讨人性、情感与未来科技交织的短片。在地球资源枯竭、人口压力巨大的背景下，人类不得不寻找新的生存之道。短片通过精心构建的剧情和深刻的人物刻画，展现了人类在面对未来挑战时的复杂心理与坚定信念。在科技与情感的交织中，我们看到了人类对于生存与情感选择的挣扎与坚守，也看到了科技如何影响并改变着我们的生活。

## 案例 5

（1）作品名称：《三星堆：未来启示录》。

（2）作者作息：抖音、博纳影业 AIGMS 制作中心。

（3）作品截图：图 7-19 和图 7-20。

（4）作品分析：2024 年 6 月 17 日，上海国际电影节期间，抖音与博纳影业 AIGMS 制作中心联合出品 AIGC 科幻短剧集《三星堆：未来启示录》，于“博纳 25 周年‘向新而生’发布会”公开发布。即梦 AI 是该新片的主要技术支持方，借助包括 AIGC 剧本创作、概念及分镜设计、图像到视频转换、视频编辑和媒体内容增强等十种 AIGC 技术，重新定义三星堆文化，使古老 IP 焕发新生。

故事内容界定为未来科技方向，以地球古文明遗迹异变为线索展开情节内容。在数字世界的古蜀国中，三股势力人物展开了一场穿越古今的冒险之旅。两次重现 4000 年前古蜀国与南方丝绸之路，揭秘文化启源，寻找拯救文明的新方式。使用即梦 Dreamina 的 AI

技术，通过控制人物动作、场景变换和情感表达，《三星堆：未来启示录》不仅在视觉和听觉上取得了显著提升，还展现了丰富的创作多样性，打破了 AI 生成影视作品的静态叙述限制，大幅增强了观赏性和叙事深度。

图 7-19 《三星堆：未来启示录》海报 1

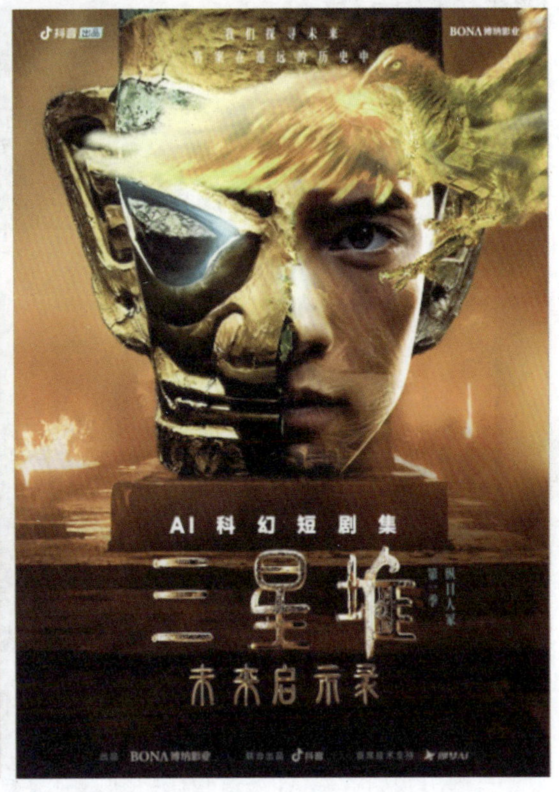


图 7-20 《三星堆：未来启示录》海报 2

## 案例 6

（1）作品名称：《中国神话》。

（2）作品截图：图 7-21~ 图 7-23。

图 7-21 《中国神话》分镜 1

图 7-22 《中国神话》分镜 2

图 7-23 《中国神话》分镜 3

（3）作品分析：AIGC 技术让媒体进军文化创意产业更得心应手，特别是在短视频、微短剧、微纪录片等内容创作方面，能看到主流媒体持续发力。2024 年 3 月，中央广播电视总台推出国内首部 AI 全流程微短剧《中国神话》，该剧片头字幕即表明“本片采用文生图、文生视频、文生音乐、文生配音全流程 AI 制作”。这一全新融媒产品，标志着 AI 与媒体内容创新的融合跨入了新阶段。

该剧分别为《补天》《逐日》《奔月》《填海》《治水》《尝百草》六集，由央视频、总台人工智能工作室联合清华大学新闻与传播学院元宇宙文化实验室合作推出。

## 案例 7

（1）作品名称：《龙门》。

（2）作者信息：动画与数字艺术学院王雷教授担任编剧、监制，段雯锴副教授担任导演、技术总监，由 DigiLab 实验室郑丹琪、王漪、刘幼春、张岳、张心怡、张自歌、吴亚楠、卢京港、贾牵牵等组成的师生团队。

（3）作品截图：图 7-24。

（4）参与赛事名称：加拿大 AltFF 电影节。

图 7-24 《龙门》海报

（5）获奖等级：提名奖。

（6）作品分析：使用人工智能生成技术创作的动画短片《龙门》在加拿大 AltFF 电影节超级短片单元获最佳国际动画短片提名奖。这是该片继巴西 Tietê 国际电影奖优秀实验短片奖后再次在国际电影节上获奖。本片是国内首部全部以 AIGC 技术制作的动画短片，一部有着中国动画独有水墨风格的实验作品。

《龙门》由中国传媒大学师生团队创作（图 7-25 和图 7-26），是国内首部 AIGC 水墨动画，也是国内首部 AIGC 叙事动画短片。创作团队根据生成式人工智能技术擅长的叙事、画面及表现的特点，用水墨画素材对 AIGC 模型进行二次开发调整，训练出拥有自主知识产权的人工智能模型“墨池”（Inkstone）。团队研发并形成了一套全新的 AI 动画创作及制作流程。

创作者以水墨为媒，以极致简约、浓淡转化的特点契合“侠”所代表的自由无束的精神意象。与传统水墨动画工艺相比，AI 技术更善于丰富和补充笔墨细节的特征，因此在赋予现代叙事体验的同时，也保留了水墨绘画艺术中的留白及水墨晕染的艺术特征。该片获得第三届巴西 Tietê 国际电影奖实验短片单元最佳影片奖等奖项。

图 7-25 《龙门》创作场景 1

图 7-26 《龙门》创作场景 2

## 案例 8

（1）作品名称：《致亲爱的自己》。

（2）作者信息：童画担任导演，艾胜英担任监制、制片人为白冰，艺术指导为袁智超，制作总监为陈刘芳，AI 创作为陈刘芳、周帝、海辛 Simon 阿文。

（3）作品截图：图 7-27。

（4）参与赛事名称：第十四届北京国际电影节“AIGC 电影短片大赛”。

（5）获奖等级：最佳影片奖。

（6）作品分析：在《致亲爱的自己》的制作中，AI 技术团队所动用的工具，基本都是行业里常用的工具：ComfyUI 的运行环境，ControlNet 用到了 Depth、Lineart 和 Tile，转绘使用了 AnimateDiff。

为了更好地控制一致性和稳定性，团队训练了很多 LoRA，其中既包括风格 LoRA，也包括许多角色形象 LoRA。此外，还通过 DreamBooth 做了 SDXL 大模型微调。

团队参考过多种美术风格，比如毕加索的蓝色时期、莫迪里阿尼、乔治修拉，还有中国的韦启美先生作品里面的“蓝”——因为这个片子的基调就是蓝色的。最后，融合油画、

图 7-27 《致亲爱的自己》分镜

点彩，规范了色彩，形成了现在片子的风格。经过调试，它能较好地搭配故事内容，并在转绘后也尽量保留实拍镜头的细腻表演。

当然，这里还有许多需要反复尝试的地方。不同的模型，在同一工作流下的表现差异非常大，要在保持风格和质感的基础上，既避免“滤镜感”，又要贴合片子的情绪，是非常难的课题。此外，不同的模型与 VAE 组合效果、ControlNet 与 IPAdapter 的权重和引入时机、AnimateDiff 的运动模块等也都会给画面结果带来很大影响（图 7-28）。

《致亲爱的自己》的一个特别大的优点，就是背景稳定性很好。除了要在 AI 转绘参数的调节方面下足功夫之外，单独的动画辅助也非常重要。整个技术团队共同探索了二维动画、三维动画与 AI 相结合的边界与可能。

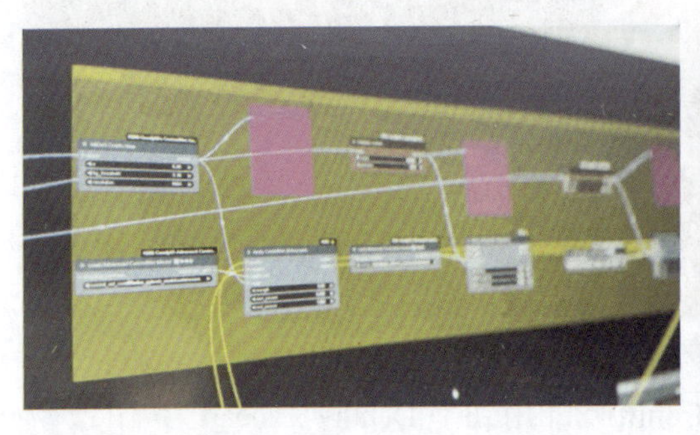

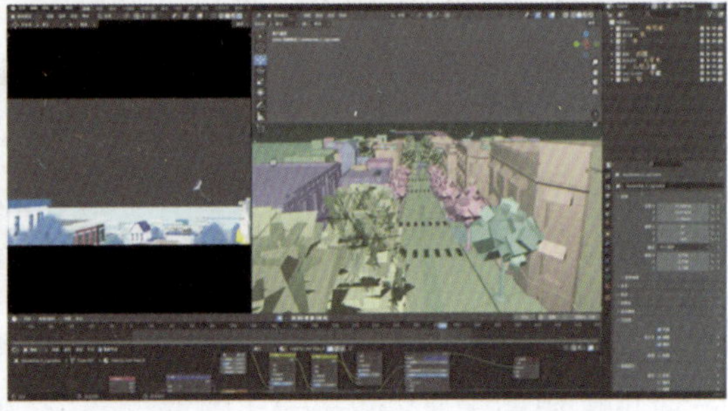

图 7-28 《致亲爱的自己》制作

## 案例 9

（1）作品名称:《石头剪刀布》。

（2）作者姓名：Corridor。

（3）作品截图：图 7-29。

图 7-29 《石头剪刀布》分镜

（4）作品分析：从以下两个方面进行分析。

① 消除“噪点”。这部短片制作的整体思路是——把实拍影像变成动画。只不过手段不是让动画师“转描”，也不是用昂贵仪器“动捕”，而是用机器学习模型 Stable Diffusion 把图像逐帧转化为动画风格。AI（至少 Stable Diffusion）转换图像画风的工作原理，就是通过公式和学习，获取图像数据，并添加噪点、删去噪点，再复原图片的过程。他们的解决方案是逆向操作，直接把原来的画面帧生成噪点图，再把噪点图覆盖在原视频上，噪点就不会过于随机地改变，也不会一直停在原地。

② 保持画风。该团队的解决方案是，用 Stable Diffusion 训练风格模型，采用了 Nitrosocke 的 Diffusion 模型，将图像调整成特定风格。为进一步解决各种五官、褶皱的细节混在一起的缺陷，他们会专门训练单个演员的模型（统一绿幕背景 + 服化道），提升帧与帧的连续性。

## 案例 10

（1）作品名称：《汪洋战争》。

（2）作者信息：中年人再就业团队。

（3）作品截图：图 7-30。

（4）参与赛事名称：全球 AI 电影马拉松大赛。

（5）获奖等级：最佳技术奖 /IP 创意奖——科幻宇宙赛道何夕 IP。

（6）作品分析：本片基于何夕老师作品《汪洋战争》。概念片采用独特的迷幻超现实美术风格呈现作品的大概故事。本片主要以原著中的“神尺”为线索，将三颗星球串联起来，内容一共分成四个部分：菲星、蓝星、月球以及战争，大致呈现故事概要。

作品描述了在未来世界里发生在人类之间的战争故事，全片 3 分 18 秒，数百个人物、太空场景、科幻装备等全部使用 AI 技术生成。

## 案例 11

（1）作品名称：《Prometheus》。

图 7-30 《汪洋战争》分镜

（2）作者姓名：李雨函、龙娉如、罗弋翔、魏明伦、陈子惠、缪应昊、周楚皓、张子良、刘晓洁、杨逢雨、杨安琪。

（3）作品截图：图 7-31。

图 7-31 《Prometheus》分镜

（4）参与赛事名称：2024 年国际大学生媒体艺术节（ISMA）。

（5）获奖等级：最佳 AI 电影剪辑奖。

（6）作品分析：影片全流程由 AI 创作，共花费 4 天时间，42 个镜头，55 张图片，420 次生成。以大赛“气候变化与城市”为主题讲述了人类追求光明的故事。普罗米修斯盗火时，受火启示看见了人类文明的劣迹斑斑，《Prometheus》以一种宿命轮回，将原本的末日倒置，变成了始源前瞻，从因纽特时代用鲸油点亮灯塔，到工业革命时期肆意排放黑烟，再到战争年代使用致命武器，人类对能源的贪婪索取引发了一系列灾难。短剧深刻揭示了人类文明在追求进步的同时，也在不断引发灾难。

## 7.3　项目成果展示与评估

微课视频

以央视网出品的《AI 我中华》为例，首先生成了 34 个省级行政区的 200 多张地标图片，然后根据图片制作了 200 多个视频片段，最后将这些零碎的素材进行剪辑和特效制作，增强视频的视觉效果和表现力。央视网此次推出 AI 短视频《AI 我中华》( 图 7-32 )，是在总台大力探索 AI 技术的背景下，立足“文旅 +”赛道作为发力点，创新主流媒体报道实践，最大化利用 AI 的想象力和实践力描绘出的“中华盛世”。

图 7-32 《AI 我中华》镜头展示

《AI 我中华》工作流程拆解如下。

（1）脚本确认：以中国的 34 个省级行政区为主题，配合文心一言 /ChatGPT/Gemin 展开头脑风暴，初步确定生成内容和风格。考虑目前 Al 图片生成工具的创意性和可行性：拆分镜头，初步确定生成内容使用不同 AI 工具的制作方法。

（2）单帧图片制作：使用 Midjourney、Dall-E3、ImageFX、Stable Diffusion 进行文 / 图生图；审查已生成图片中的细节问题，调整、更换合适的主题内容，并重新生成符合要求的图片；使用 Photoshop 处理图片中的不合理细节，添加未被 AI 生成的元素；使用 Stable Diffusion 图生图进行图片放大和细节优化；使用 Photoshop 进行图片的最后优化。

（3）图生视频制作：使用 Runway、SD、PixVerse、Pika、Animate Diff 实现图片生成短视频；使用 Deforum 制作图片到图片转场效果视频；使用 Topaz video 将部分视频放大。

（4）剪辑合成：使用 AE 进行短视频片段合成与特效转场处理；添加配音和配乐，根据卡点节奏进行视频剪辑与重新生成内容替换。

AIGC 技术在驱动影视特效方面的优势显而易见，通过提升效率、质量和创新能力，为电影、电视剧和其他视觉媒体带来了前所未有的发展机遇和可能性。

## 思考与练习

1. AIGC 特效制作的工作流程包括哪些主要步骤？请简述每个步骤的关键内容和目标。

2. 寻找一个 AIGC 短片，举例分析其在创作过程中的技术挑战和解决方案。

3. 讨论 AIGC 技术在影视特效制作中的优势和局限性，并结合具体案例进行说明。

第8章

# 数字道德：影视特效的伦理与法律问题

在当今数字化时代，影视特效已成为电影和电视制作中的重要元素，极大地提升了视觉效果和观众体验。然而，随着 AI 数字技术的迅猛发展，影视特效在为观众带来震撼视听效果的同时，也引发了诸多伦理与法律问题。这些问题不仅涉及版权与知识产权、数据隐私与安全，还涵盖了技术应用与伦理考量，亟须深入探讨和解决。版权与知识产权问题在影视特效领域尤为突出。影视特效作品通常涉及复杂的创作过程，包含多个创意元素和技术手段。人工智能技术的引入，更使版权归属问题变得复杂化。传统版权法主要保护自然人或法人的创作成果，而对于人工智能生成的内容，其版权归属尚无明确法律规定。这不仅给特效制作公司和创作者带来了法律风险，也可能导致创意成果的权利纠纷。因此，有必要在法律层面上对人工智能生成内容的版权归属进行明确界定，以保障各方的合法权益；在影视特效制作过程中，大量的个人数据被采集和使用，包括演员的面部表情、体态动作等生物特征数据。这些数据一旦被滥用或泄露，可能会导致严重的隐私侵犯和安全风险。例如，演员的数字替身技术可以在未经本人同意的情况下生成其虚拟形象，应用于商业广告或其他媒体作品中，从而侵犯个人隐私权和肖像权。因此，如何在特效制作过程中保护数据隐私和安全，成为一个亟待解决的伦理问题和法律挑战；随着深度学习和虚拟现实技术的普及，特效制作的技术门槛大幅降低，虚假影像和虚假信息的传播风险随之增加。通过深度伪造技术生成的虚假视频，可以逼真地模仿特定人物的言行，从而对社会舆论和公众认知产生误导。这不仅挑战影视特效的真实性原则，也对社会伦理和公共信任构成威胁。因此，如何在特效制作和应用中恪守伦理底线，防止技术滥用，成为行业内亟须面对的课题。

## 8.1 AIGC 版权与知识产权

机器在版权法中的角色传统上被视为创作和传播的辅助工具。在创作方面，机器的作用仅限于替代书写和加强作品在媒介上的固定，而不产生任何独立的版权法律效果。在传播方面，机器不断扩展作品使用方式，促使版权法增加相应的法定权利和限制。因此，机器对版权法的影响在传播领域比创作领域更为明显。随着传播技术改变作品的使用方式，基于新的经济利益实现途径的新商业模式不断涌现，这需要法律调整以重新平衡权利持有者和用户的利益。人工智能与传统影响版权法的机器的不同之处在于，它已进入创作领域。在美国，AI 机器人通过学习，已能生成高度艺术性和审美的艺术作品，这些作品被展示在画廊和博物馆中。美联社与一家 AI 公司合作开发了 AI 新闻写作平台 Wordsmith，每季度可产生超过 3000 篇文章。特别是在需要大量数据分析的金融和体育领域，AI 利用其在大数据和大规模数据分析上的优势，成为创作过程的早期参与者。在中国，互联网公司腾讯开发了“腾讯写作机器人” Dreamwriter，能够批量生产财经新闻报道，能够根据不同的受众群体生成不同风格和版本，引发了关于 AI 取代记者的讨论。在音乐和视觉艺术领域，AI 也开始介入人类的创作活动。在人类的指导下，由 Google 的 AI 工具 Deep Dream 生成的画作已成功拍卖。AI 取代人类创作活动带来了版权规则的新挑战（图 8-1）。

图 8-1　伦敦艺术家 Memo Akten 借助 Deep Dream 系统完成的画作

自现代版权法成立以来，其立法目标一直是通过授予权利持有者对其作品的法定专有权来激励作品的创作和传播。作品及其所有权的识别也围绕作者这一主体展开。作品作为原创性的表达，被认为源自人类的思想和情感。同样，基于作品的权利也只能属于由自然人、法人和其他组织组成的版权持有者。法人和其他组织在版权系统中的重要性在于它们在作品的创作和传播中的组织和投资，这对工业发展和分工是必要的，最终旨在激励特定的人类行为。与传统机器在创作过程中的介入不同，AI 现在独立地捕捉相关材料并创造性地重新表达它们，不再局限于仅仅提取和整合信息。这引发了两个相互关联的版权问题：首先，是否可以根据原创性标准认定 AI 生成的内容为作品；其次，是否可以将 AI 软件的设计者、用户或版权持有者认定为 AI 生成内容的版权持有者。随着 AI 生成内容的增多，未能明确定义其内容属性和所有权不仅会导致众多版权法律纠纷，还会破坏现有的版权系统，产生大量非典型的“孤儿作品”。因此，有必要首先回顾版权法如何定义非人类生成的内容以及这样做的原因，确定 AI 与现有版权系统之间冲突的根源。接下来，对 AI 生成内容的结果进行分类，探索将其纳入现有作品判定标准的可行方式。最后，分析 AI 生成内容中原创性的来源，考察当前版权所有模式应如何调整以规范 AI 生成内容。

## 8.1.1　版权与知识产权的基本概念

微课视频

### 1. 版权

版权（也称为著作权）是法律赋予创作者对其原创作品享有的一种专有权利。版权保护的作品包括文学、艺术、音乐、戏剧、电影、摄影和计算机软件等多种形式的表达。版权的主要目的是鼓励创作和传播，通过赋予创作者经济和人身权利来激励他们创作更多的作品。版权包括以下几种主要权利：①复制权，复制作品的权利；②发行权，向公众发行作品的权利；③表演权，公开表演作品的权利；④展示权，公开展示作品的权利；⑤改编权，创作衍生作品的权利，如改编、翻译等；⑥传播权：通过网络等方式向公众传播作品的权利。版权通常从作品创作完成时自动产生，无须注册，但在某些国家，注册可以作为法律保护的证据。

### 2. 知识产权

知识产权是一种无形产权，它是指智力创造性劳动取得的成果，并且是由智力劳动者对其成果依法享有的一种权利。知识产权的主要类型包括：①专利，保护发明和技术创新的权利，给予发明人对其发明享有一定时间内的独占权。专利分为发明专利、实用新型专利和外观设计专利。②商标，保护商标所有者对其商标使用的专有权，防止他人未经许可使用相同或近似的标志。商标可以是文字、图形、字母、数字、三维标志、颜色组合或声音等。③商业秘密，保护企业的商业信息不被泄露或不正当使用。商业秘密包括制造工艺、经营信息、技术诀窍等。

### 3. 版权与知识产权的关系

版权是知识产权的一部分，但知识产权的范围比版权更广。知识产权不仅保护文学艺术作品，还保护工业创新、商业标志和商业秘密。两者的共同目标是鼓励创作和创新，通过法律手段保护创作者和发明者的合法权益，促进社会进步和经济发展。在数字时代，版权和知识产权面临新的挑战，如数字复制、网络传播、人工智能生成内容等。法律制度需要不断调整和更新，以应对新技术带来的问题，保护创作者和发明者的权益，同时兼顾公众利益和信息自由流通。

## 8.1.2　AIGC 作品的版权与知识产权归属

微课视频

### 1. AI 与作者法理的矛盾

现行的版权法通常将版权归属于“作者”，即创作作品的自然人或法人。对于 AIGC 作品，传统的作者概念面临挑战，因为人工智能并不是自然人，也不具备法律主体资格。因此，普遍观点认为，计算机和其他非人类“创作”的材料不属于版权意义上的“作品”类别，也不受版权法的保护。20 世纪 90 年代，美国、英国和其他国家将 AI 生成的作品纳入版权法的调整范围。日本知识产权法也考虑到AI进步的现实，承认制定法律以保护AI生成的音乐、小说等作品的必要性。他们建议建立一个类似商标保护的新的注册系统来保护AI生成的创作,或修改《不正当竞争防止法》以禁止未经授权使用AI生成的作品。在确定作品的要求中，版权法规定作品必须是文学、艺术或科学领域的原创表达。其中所谓“表达”，是指须以文字、言语、符号、声音、动作、色彩等一定表现形式将无形的思想表现于外部，使他人通过感官能感觉其存在。由此可见，表达的前提乃自然人所独有的智力或思想。由此可见，表达的前提乃自然人所独有的智力或思想。在权利归属条款中，著作权法也明确否认自然人以外的对象能够实施创作行为，所以明确规定“创作作品的公民是作者”,特定情况下法人或者其他组织只能“视为”作者，而视为作者的原因，还是因为作品体现出了法人的意志。因此，如果严格按照当前的版权法来解释，AI本身作为权利的对象，显然不能像自然人那样拥有成为权利主体的意图或意愿。因此，它生成的内容也不能同时被认定为作品。

AI生成内容的法律含义将呈现以下悖论：首先，即使AI生成的内容满足原创性标准，由于其无法被视为表达，也不能被视为作品；其次，即使AI生成的内容被认定为作品，其版权也不能归于AI本身。因此，大量的AI生成内容将成为一种新型的“孤儿作品”和“无主作品”,这不利于鼓励新作品的创作和新AI的发展,也不利于版权市场的合规和稳定。在程序设计者和用户不参与创作过程的情况下，根据当前的版权法很难确定此类对象的可著作权性和所有权。即使在英国，计算机生成的内容被认定为作品（计算机生成作品）时，也存在一个悖论：一方面，这些作品被认为是一种“集体作品”，因为它们完全由计算机生成，没有任何人类参与。另一方面，这些作品的权利被归于使计算机能够独立生成内容的实体，从而将权利所有问题重新归于自然人。这在定义对象和分配权利的法律逻辑上造成了不一致。

### 2. 作者与人工智能的创造性合作

在当代艺术和文化生产中，AIGC技术正逐渐变得普遍，这种技术的运用不局限于简单的工具使用，而是逐渐演变为一种新型的创造性合作模式。AI通常扮演辅助或工具的角色，最终的创意决策和指导仍由人类完成。因此，可以将AIGC作品视为作者与人工智能的创造性合作产物。在这种合作模式中，AI并不是单独工作的，而是作为一个辅助工具或合作者参与到创作过程中，与人类作者共同完成艺术作品的创作。这种合作关系中，AI的作用通常是处理和分析大量的数据，提供创意启发，甚至直接参与到创作的某些技术环节，如图像渲染、音乐编排或文本生成等。然而，关键的创意决策、主题选择和艺术表达的最终方向仍然由人类作者来控制和指导。这种模式强调了人类的主导地位，应视AI为一个扩展人类创造力的工具，而非替代者。

从理论和实践的角度来看，这种作者与AI的合作关系代表了对艺术创作角色和过程的重新定义。传统上，艺术创作被视为艺术家个人情感、经验和视角的直接表达。然而，在AI的协助下，创作过程变得更加多元化，技术成分显著增加。AI能够在创作过程中提供不同的视角和处理复杂数据的能力，这为艺术家打开了新的创意可能性。例如，AI可以分析历史艺术作品的风格和技术，帮助艺术家理解某一风格的核心特征，甚至在此基础上推演出新的艺术形式。此外，AI的介入也使得艺术创作能够跨越传统的界限，例如通过算法生成的图像与人类绘画技术的结合，创造出独特的视觉效果。这种技术与人类智慧的结合不仅丰富了艺术的表达形式，也促使我们重新思考创意工作的本质。

尽管 AI 与作者的这种创造性合作带来了诸多积极的可能性，但它也引发了一系列的伦理和哲学问题。一方面，我们需要考虑当 AI 在艺术创作中扮演越来越重要的角色时，如何界定作者与 AI 之间的创作归属和版权问题。另一方面，这种合作关系中的权利动态也值得关注，特别是在 AI 可能影响创作决策的情况下，我们应如何确保艺术的人文价值不被技术冷漠化。此外，AI 的使用也可能使艺术作品的独创性和真实性受到质疑，因为 AI 生成的内容往往基于现有的数据和算法。因此，如何在利用 AI 带来的技术优势的同时，保持艺术作品的深度和真实性，是艺术家和社会必须面对的挑战。

### 3. AI 生成内容权利的归属

从版权法的角度看，基于机器学习的 AI 生成的内容是否具有原创性，涉及回答两个问题：第一，AI 生成的内容是否满足创造性的最低标准；第二，AI 生成的内容是否纯粹是机械计算和程序执行的结果，还是可以归因于 AI 设计者的行为。关于第一个问题，当今许多事实表明，与人类创作的作品相比，当来源没有明确标识时，AI 生成的内容难以区分。由于基于外观已无法区分人类和 AI 生成的内容，将最小创造性所需的选择和风格限定为仅人类所具有的，缺乏司法操作性。当我们无法区分我们欣赏的作品是人类创造的还是机器生成的时，这意味着这些内容应被认定为作品。因此，客观上应认为 AI 生成的内容满足最低创造性要求，以避免因缺乏必要证据而无法被认定。AI 生成内容的可著作权性主要取决于第二个问题的考量，即上述最小创造性是否由人类独立实现。正如所述，在私法主体和客体不能互换的前提下，AI 不能成为权利持有者或初始版权所有者。因此，原创性的确定必须基于人类行为来认定作品和在现有私法理论和体系中建立版权所有权。换句话说，从根本上说，不存在归属 AI 或完全由 AI 创建的作品。无论来源如何，被认定为作品的对象只可能归属于人。

根据这种分析，为了满足 AI 生成内容的版权性，有必要建立人工智能的智能与其设计者或用户之间的联系。在 AI 内容生成的步骤中，所谓的“智能”指的是通过机器学习从数据中发现和组织有价值的信息，这为未来的内容生成或解决其他问题奠定了基础。简单来说，它涉及在进行数据挖掘时作出价值判断和推理。从创造活动的角度看，与计算机生成的内容不同，人类的参与不发生在机器学习阶段。然而，在数据选择方面，选择过程需要一定的价值判断标准，以确保生成的内容表现出最低程度的创造性。这些选择标准不能自动由机器拥有，而必须在机器的初始学习阶段由人类提供。因此，在 AI 可以应用于内容生成和其他领域之前，它必须经过广泛的训练以实现数据建模。这一步骤是 AI 后续生成内容的基础，使得生成的表达对人类来说是可理解和逻辑的。在 AI 领域，有学者将这种机器学习称为从“人机回圈”（human-in-the-loop）到“众机回圈”（society-in-the-loop）的过程，期望更多社会公众能够参与到对机器学习的训练中，使得人工智能具备更受社会接纳的信息取舍标准和决策结果。

AI 生成内容的前提仍然基于人类训练者在先前机器学习过程中传递给机器的价值观。AI 优于人类的主要原因在于其卓越的计算能力可以穷尽所有可能的路径，而非创造力。创造力的本质仍然在于通过训练在数据建模过程中赋予 AI 的价值判断。只有通过这种方式，无论是解决复杂问题还是生成新内容，AI 才能表现出似乎具有与人类相似的意识和智能的结果，最终通过选择和安排将无序且无意识的数据转化为可以被欣赏和理解的各种作品。即 AI 生成的内容可以被视为代表设计者或训练者意愿的创造性活动，并在版权法下予以认可。对于新出现的 AI 生成内容，承认其具有最低程度的创造性允许将 AI 的所有者视为作者。从机器学习训练的角度看，所有者是将其意志注入 AI 中的实体，可以认为 AI 是代表所有者的意志进行创作。在这种情境中，将 AI 的所有者视为作者并没有问题。

思考：在人类与 AI 合作创作的情况下，应如何界定人类与 AI 的贡献？是否有必要设立新的法律框架来明确这种合作模式下的版权归属？请结合具体案例进行分析。

## 8.2 AIGC 的数据隐私与安全

### 8.2.1 数据收集的合法性和透明度

微课视频

在数字化时代，数据隐私与安全问题显得尤为重要，尤其是在 AIGC 领域。中国作为全球数字经济的重要参与者，已经建立了一套相对完善的法律法规体系来保护数据隐私和确保数据的安全使用。遵守这些法律法规，不仅是企业合法运营的基础，更是构建用户信任的关键。在我国，主要的法律包括《中华人民共和国网络安全法》、《中华人民共和国数据安全法》和《中华人民共和国个人信息保护法》等（图 8-2）。

《中华人民共和国网络安全法》强调网络运营者在收集和使用个人信息时，必须明确收集信息的目的、方式和范围，并且需事先获得数据主体的同意。这种规定强调了透明度和用户同意的重要性，要求企业必须向用户清楚地说明数据的用途，保证数据处理活动的透明性。此外，该法律还要求企业建立健全的数据安全管理制度，定期进行数据安全评估。《中华人民共和国数据安全法》进一步强化了数据处理的安全性要求，明确规定数据处理活动应当保障数据的安全，防止数据被非法篡改、破坏、泄露、丢失或被非法获取、利用。对于重要数据，还设有更为严格的管理与保护要求。法律的实施明确了数据处理者的责任，确保企业在数据处理过程中的责任明确，强化了对用户个人信息的保护。《中华人民共和国个人信息保护法》则是中国在个人信息保护方面的专门法律，它规定了个人信息处理的合法性原则，要求在处理个人信息时必须有明确的、合理的目的，并且限定了个人信息的处理方式和范围，非常强调最小必要原则和目的具体明确原则。该法律还特别强调了用户同意的权利，规定除非法定情形外，处理个人信息前必须获得个人

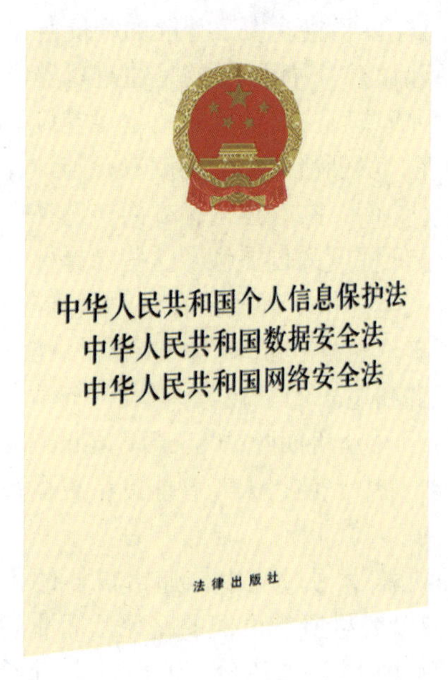


图 8-2
我国已建立相对完善的数据保护法律法规体系

的明确同意。此外，该法律还要求数据处理者在数据处理过程中提供足够的数据安全保障措施，如加密传输和存储、数据访问控制等。

遵守中国的数据保护法律，并在数据收集和使用时确保透明度，获取用户的明确同意，不仅符合法律要求，也是建立用户信任的必要条件。对于运营 AIGC 技术的企业来说，合法合规地处理数据不仅能避免法律风险，更能提升企业的公信力和用户满意度，从而在激烈的市场竞争中占据优势。在实际操作中，企业应当积极落实法律法规要求，建立健全的数据管理和保护机制，定期对数据处理活动进行审查和评估，确保所有活动都在法律框架内进行，有效保护用户的个人信息安全，维护用户权益。

## 8.2.2　用户数据的匿名化和去标识化

微课视频

在当前人工智能和大数据技术迅猛发展的背景下，用户数据的匿名化和去标识化作为保护个人隐私的关键措施，其重要性日益凸显。随着人工智能技术在各行业的深入应用，大量数据被用于训练和优化机器学习模型，其中不可避免地包含了丰富的敏感个人信息。如果处理不当，敏感信息的泄露将难以避免，因此在数据使用前采取有效的匿名化与去标识化措施显得尤为重要。具体来说，数据匿名化是通过剔除或改变数据中的个人识别特征来实现个人信息的隐匿，从而防止数据与特定个体直接关联；而去标识化则是在保留部分识别潜力的基础上，使数据在去除直接识别信息后仍可供分析使用，但通常需要额外信息才可能重新关联到个人。

实施数据匿名化和去标识化能够显著降低个人信息在数据处理和分析过程中被泄露的风险。这一方法通过消除或隐藏数据中的直接个人标识信息，有效减少数据被未授权使用的可能性。即使数据在传输过程中被截获，由于缺乏直接的个人识别信息，其被滥用的风险也得到了相应降低。然而，这一过程面临的挑战同样不容忽视。从技术角度考虑，如何在不损害数据原有分析价值的前提下实现有效的匿名化是一大难题。此外，随着数据挖掘技术的持续进步，即使是经过匿名化处理的数据也存在被重新识别的风险，这要求相关技术和方法需不断更新以适应新的挑战。

法律和伦理方面，不同国家和地区对数据匿名化和去标识化的要求存在差异。以欧洲的《通用数据保护条例》（*GDPR*）为例，其对数据匿名化设定了严格的标准，而美国等地则可能更注重考量数据的实际使用环境。跨国企业在进行数据匿名化和去标识化操作时，必须充分了解并尊重各国的法律环境。此外，企业在实施这些措施过程中还应建立完善的数据管理和监控机制，确保数据处理活动的合规性与安全性。整体而言，数据匿名化和去标识化是平衡技术发展与个人隐私保护之间的有效手段，如何优化这些措施，确保其在新的技术和法律环境下的有效性，是需要业界、学界和政策制定者共同关注的重要课题。

## 8.2.3　AI 模型的安全

微课视频

艺术创作 AI 模型的安全性问题显得尤为重要，这类模型通常用于生成音乐、文本、图像等创意内容。与传统 AI 应用相比，艺术 AI 在安全性方面不仅需要考虑防止敏感数据泄露，还需关注版权和知识产权的保护以及防止生成有害或不适当内容。具体到数据和模型隐私保护，艺术 AI 模型往往依赖大量艺术作品作为训练数据，特别当这些数据涉及版权时，其保护显得尤为关键。通过运用加密技术和严格的访问控制系统确保只有授权用户能够访问这些模型。此外，采用差分隐私和同态加密等先进技术可以在不泄露关键信息的情况下，增强数据处理过程中的隐私保护，确保训练数据即使在保持其用途的同时也保障了隐私安全。

面对逆向工程和版权问题的挑战，艺术创作 AI 的保护措施需要具备防御能力。逆向工程可能导致训练数据的泄露或模型功能的复制，对此可以通过模型混淆技术改变模型的部分参数或结构，从而降低这类风险。同时，实施模型水印技术可以在模型或其生成的内容被非法使用时，帮助追踪并验证原创作者或所有者的权利。这些技术不仅保护了模型的独立性，还维护了创作者的知识产权，防范了潜在的法律风险。

艺术创作 AI 在内容生成过程中必须设置严格的道德和法律界限。必须通过内容过滤器和审查机制确保 AI 不产生侵权、有害或不符合道德标准的内容。此外，强化用户交互和访问控制同样重要，如实施安全的用户认证系统限制 AI 工具的访问，确保所有用户活动都被记录和监控，以便在出现安全问题时能够迅速追踪和处理。这些措施的实施不仅提高了艺术创作 AI 的安全性，也保证了艺术创作过程的合法性和道德性，促进了艺术与技术的和谐发展，确保 AI 技术在尊重原创性和版权的基础上最大限度地发挥其创新和创造潜力。

**思考：**现有的匿名化和去标识化技术是否能够完全避免数据重新识别的风险？在实际操作中如何应对这一挑战？

# 8.3 AIGC 技术应用与伦理

## 8.3.1 AIGC 的偏见与代表性

微课视频

在当代数字化和自动化的背景下，人工智能在各行各业发挥着日益重要的作用，尤其在艺术创作领域。人工智能模型是根据现有数据进行训练的，这些数据可能包含偏见。如果不仔细管理，人工智能生成的艺术可能会延续刻板印象并缺乏多样化的代表性。AI 已被用于创作音乐、编写故事、生成图像艺术等多种形式。然而，AI 技术的应用带来了一系列伦理和社会问题，尤其是与偏见和代表性相关的问题。由于 AI 模型通常基于现有数据训练，这些数据可能体现现实世界中的不平等和偏见。例如，若训练数据集主要由特定文化或群体的作品构成，AI 生成的艺术作品可能偏向这些特定视角，从而忽视或边缘化其他多样化和不同的声音。此外，性别偏见在数据集中也非常突出，可能导致 AI 在创作过程中忽略女性或其他性别的视角，从而进一步强化现有的性别刻板印象。

为解决这些问题，关键在于如何构建和管理训练数据集。首先，开发者需要有意识地包括来自不同背景、文化、性别和社会群体的数据，以确保 AI 系统能够学习并反映这种多样性。其次，研究人员必须不断地检查和修正模型中的偏见，采用去偏技术和公平算法等方法，以确保 AI 生成的艺术作品在技术先进的同时，也能够公正无偏。然而，即使在采取了上述措施之后，AI 在艺术创作中的代表性和原创性仍然面临挑战，因为 AI 的创作依赖现有数据和模式，这可能导致艺术风格和表达的趋同，从而减少艺术创新性和多样性。

除了技术和数据管理之外，AI艺术的接受度和法律地位也需要深入探讨。在一些传统艺术领域，AI生成的作品可能不被认为是“真正的”艺术，因为它们缺乏人类艺术家的情感和个人经历。这种观念可能会限制AI艺术作品的社会影响力和文化价值的认可。此外，版权和道德问题，如AI创作的艺术作品的版权归属和保护问题，也需要在艺术界和相关法律框架中得到明确。综上所述，虽然AI为艺术创作提供了新的可能性，但确保其在促进创新的同时实现公正和包容，需要综合技术创新、伦理考量和文化多样性的努力（图8-3）。

图8-3
基于同一主题人工创作与人工智能创作的插画作品

## 8.3.2 AIGC作品的原创性和真实性

微课视频

人工智能在艺术创作领域的应用，尤其是其能力在模仿各种艺术风格方面的显著表现，引发了对作品原创性和真实性的深刻质疑。AI生成的艺术作品，由于其生成过程主要依赖机器学习算法对大量现有艺术作品的分析和模仿，不仅使人们对这些作品能否称为“原创”产生了疑问。这种技术驱动的创作方式在一定程度上颠覆了传统艺术中对“原创”的定义，即一件艺术作品应当源自艺术家独特的内在视角和个人情感的直接表达。

在当代艺术的语境中，作品的“真实性”常常与艺术家的个人经历、情感的深度投入以及作品的创作背景紧密相连。这种真实性不仅是艺术表达的核心，也是评价艺术价值的重要标准。然而，随着AI技术在艺术创作领域的应用日益增多，AI生成的艺术作品在真实性的认定上引发了广泛的争议和讨论。由于AI作品缺乏直接的人类情感联系，它们的创作不由个人的情感经验直接驱动，因此其真实性受到质疑。这种由算法驱动的艺术创作，虽然在技术层面上能够复制甚至超越人类艺术家在形式上的成就，但在情感深度和文化寓意的传达上，却可能无法与传统意义上由人类艺术家创作的作品媲美。

AI在艺术创作中的运用，特别是其能力在模拟和再现人类艺术表达方式方面，确实为艺术界带来了前所未有的技术革新。AI生成的艺术作品，如绘画、音乐或文学作品，往往在视觉和形式上达到高度的精确度和复杂度，给观众带来强烈的视觉冲击。然而，这些作品往往缺乏与人类生活经验直接相关的情感层次，因为它们是基于数据和算法而非生活体验和情感反应生成的。这一差异不仅挑战了艺术作品的真实性评价标准，也促使艺术理论家和批评家对艺术真实性的定义重新进行思考和讨论。

因此，AI 艺术的出现促使我们必须重新考量和定义艺术创作中的“真实性”这一概念。在这个过程中，艺术界需要评估哪些艺术表达的形式和内容可以被认为是具有真实性的，以及如何在不牺牲艺术深度和文化价值的前提下，接纳和利用 AI 技术的可能性。此外，这一讨论还涉及艺术作品的社会和文化价值如何被理解和评价，特别是在一个由数据和算法不断塑造文化产出的时代。通过这些深入的分析和批评，艺术界可以更好地理解和应对 AI 技术对传统艺术观念的挑战，确保艺术的多样性和深度在技术快速发展的今天仍得到保持和尊重。因此，面对 AI 在艺术领域的持续进展和挑战，艺术界和学术界需要重新审视和定义什么构成艺术的“原创性”和“真实性”。这包括考虑是否应扩展这些定义以包含由非人类智能创作的作品，以及这些技术创新如何重新塑造公众对艺术作品的期望和评价。只有通过持续的批评和理论发展，我们才能理解 AI 技术对传统艺术概念的冲击，并确保艺术界在接纳新技术的同时保持其文化和道德的核心价值。

### 8.3.3 AIGC 对就业和经济的影响

微课视频

AI 有可能自动化某些创造性任务，这可能会影响人类艺术家的就业机会。平衡创新与公平劳动实践至关重要。在 AIGC 的快速发展背景下，其对劳动市场的影响逐渐显现，尤其是在创造性领域。AI 技术的进步已经使其能够执行包括艺术创作在内的复杂任务，这种技术潜力的增强不仅重塑了艺术和文化生产的方式，同时也对人类艺术家的职业前景和就业机会带来了显著的挑战。例如，AI 程序如今能够创作音乐、绘制细致的画作，甚至编写具有一定深度的文学作品，传统上这些都是由人类艺术家承担的任务。这种技术的应用不仅提高了生产效率，还可能降低成本，因为机器不需要像人类工作者那样的休息和福利。然而，这也引发了一个问题：在 AI 技术可以代替人类执行这些任务的情况下，人类艺术家的角色和价值何在？

进一步来说，AI 在艺术领域的应用引发了对劳动实践公平性的广泛关注。传统上，艺术创作被视为高度个人化且富有表现力的活动，艺术家们通过其作品表达独特的情感和视角。然而，随着 AI 技术的介入，创造性劳动的性质正在发生变化。虽然 AI 生成的艺术作品在技术上可能达到甚至超越人类艺术家的水平，但这种创作过程缺乏人类情感的真实体验和深度。这不仅可能导致艺术表达的同质化，还可能使艺术家们面临职业置换的风险。在这种情况下，社会和经济系统需要重新评估创造性劳动的价值，并探讨如何在鼓励技术创新的同时，保护那些可能被技术边缘化的创造性劳动者的权益。

因此，寻求技术进步与劳动公平实践之间的平衡成为一个紧迫的议题。政策制定者、企业领导者和社会各界都需要参与到这一讨论中，共同探索可行的策略。一方面，可以考虑制定相关政策，如设立艺术家收入保障基金或提供针对人类艺术家的补贴，以缓解技术变革带来的就业冲击。另一方面，也应鼓励企业和技术开发者采取负责任的创新策略，比如在开发 AI 艺术创作工具时，设计机制以促进与人类艺术家的协作而非完全代替。此外，教育体系也应对快速变化的职业景观做出响应，通过培训和教育帮助艺术家们获得必要的技术技能，使他们能够与 AI 工具有效地合作，而不是被其取代。通过这些综合性的策略，可以帮助实现技术进步与劳动市场公平之间的更好平衡，从而支持一个既充满创新又具有包容性的社会经济结构的发展。

综上，本章分析了 AIGC 在版权、数据隐私、安全性和艺术创作方面的应用及其引发的伦理与法律问题。随着 AI 技术在影视特效及其他创意产业的广泛应用，版权归属问题变得日益复杂，AI 参与创作挑战了传统的作者概念，迫切需要法律对 AI 创作内容的版权进行明确界定。在数据隐私与安全性方面，本章强调了合法性、透明度和用户同意的重要性，并介绍了数据匿名化与去标识化技术，以减轻数据泄露风险。此外，讨论了艺术创作中 AI 模型的安全防护措施，包括防止逆向工程和不当使用，以保护艺术的独立性和创作者的知识产权。从伦理和文化的视角，探讨了 AI 在艺术创作中的应用对作品的原创性和真实性的影响，以及管理 AI 带来的偏见和代表性问题的策略，确保艺术作品的多样性和创新性。鉴于 AI 技术可能对就业和经济造成的影响，提出了一系列策略以平衡技术创新与保护创造性劳动者权益，推荐设立相关基金和促进人机合作。最后，本章呼吁持续更新法律框架，强化数据保护措施，并通过技术创新、政策调整和教育培训，有效应对 AI 带来的挑战，促进技术、艺术和社会的和谐发展。

**思考与练习**

AI 作品因缺乏人类情感联系，其真实性受到质疑。请讨论在评价艺术作品时，情感深度和文化寓意的重要性，以及如何在 AI 创作中体现这些要素。

# 未来视野：AIGC 特效的发展展望

## 9.1 影视特效行业的未来

AIGC 技术以其强大的进化能力在文本和图像生成方面取得了巨大的进展，带领影视特效行业进入一个前所未有的变革时期。AIGC 技术的迭代更新与广泛应用，使得场景设计、角色建模、特效制作等多流程变得更加高效、自动化和智能化，其应用无疑将为影视行业注入新的活力和动力。作为影视特效行业的新前沿，AIGC 特效正在以其卓越的技术优势和广泛的应用前景，推动整个影视特效行业的变革和升级。本节将从 AIGC 技术在影视特效中的应用前景及其对影视特效行业的影响两个部分进行展开。

### 9.1.1 AIGC 在影视特效中的应用前景

#### 1. 个性化和定制化特效

AIGC 技术能够根据不同的需求，快速生成定制化的特效内容。通过深度学习模型，影视制作团队可以根据剧本和导演的要求，生成高度契合的特效场景和角色，实现个性化和定制化的特效创作。

1）定制化角色和场景

通过 AIGC 技术，影视制作团队可以快速生成符合角色设定和剧本需求的场景和特效。不仅包括视觉效果的生成，还涵盖了角色动作、面部表情等动态特效。例如，通过动作捕捉数据，AI 可以自动生成与演员动作高度匹配的特效效果，使角色在虚拟环境中的表现更加自然和生动。这样的定制化能力大幅提升了影视作品的视觉表现力和叙事深度（图 9-1）。



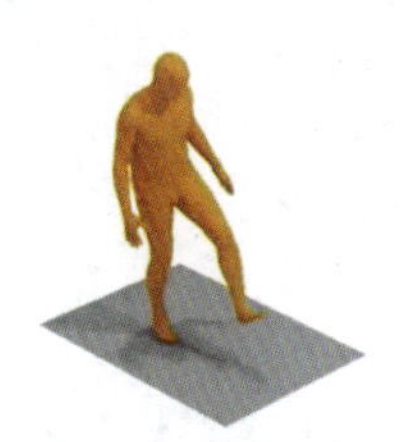

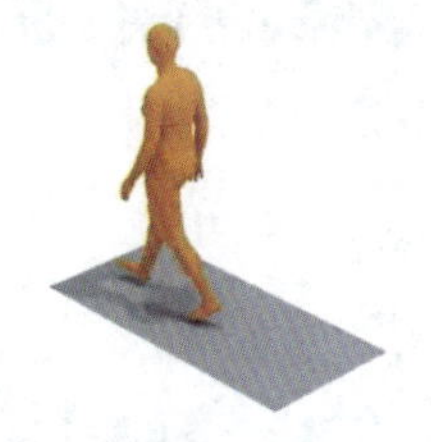

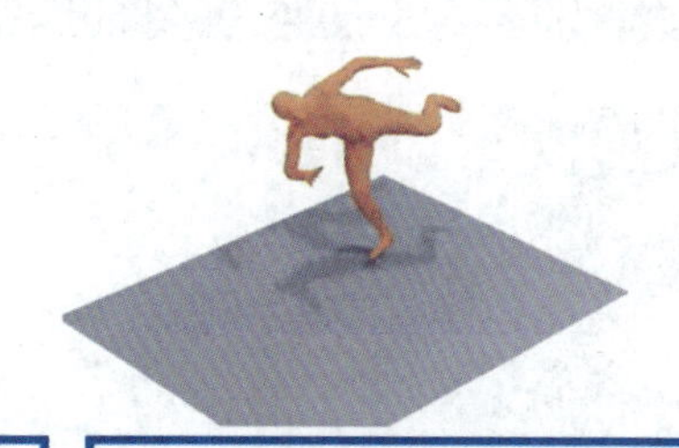



图 9-1 生成式运动捕捉能通过输入控制信号或关键帧生成连续的动作序列（来源：中国科普作家网）

2）实时调整和优化

在影视制作过程中，AIGC 技术可以根据导演和创意团队的即时反馈，实时调整和优化特效内容，提升制作的灵活性和创意表达的可能性。例如，在虚拟拍摄阶段，导演可以实时调整场景光线、角色动作和环境细节，AI 即时生成相应的特效效果，提供即时反馈。这种实时调整不仅可以提高制作效率，还可以确保创意表达的准确性和一致性，避免后期修改带来的时间和成本浪费。

### 2. 特效生成的自动化

AIGC 技术通过自动化生成逼真的特效，显著提高了制作效率，减少了人工干预。传统特效制作流程烦琐且耗时，通常需要大量的手工操作和复杂的后期处理，而 AIGC 技术能够自动完成这些过程，大幅度缩短制作周期。

1）高效生成复杂场景

通过 AIGC 技术，复杂场景的生成变得更加高效和自动化。在科幻电影中，未来城市、外星环境等高复杂度场景常常需要大量的建模和渲染工作，使用传统方法不仅耗时且成本高昂，而通过 AIGC 技术自动生成高逼真度的复杂场景，可以显著减少手动建模和渲染的时间，提高制作效率（图 9-2）。

2）自动化角色动画

AIGC 技术在角色动画生成方面展现出强大的自动化能力。传统的角色动画制作通常依赖人工关键帧动画，工作量巨大且容易出现不自然的动作。通过 AIGC 技术，可以根据角色的设定和动作描述，自动生成流畅且逼真的动画。这种自动化生成方法不仅能减少人工关键帧动画的工作量，还可以提升动画的流畅度和自然性。

图 9-2
Midjourney 生成的场景设计（来源：小红书）

3）背景生成和替换

在影视拍摄过程中，绿幕技术被广泛用于背景替换，以实现特效场景的无缝融合。AIGC 技术通过高效的背景生成算法，能够根据场景需求，自动生成逼真的背景图像，使得前景和背景的融合更加自然，不仅可以大幅提升背景替换的质量和效率，还可以大大减少手工处理的工作量，提升了整体制作质量。

### 3. 增强现实（AR）和虚拟现实（VR）特效

AIGC 技术在增强现实（AR）和虚拟现实（VR）领域的应用，将进一步拓展影视特效的表现形式。通过 AI 生成的动态场景和互动元素，观众可以获得更沉浸式的体验（图 9-3）。

图 9-3
AR 技术在殷墟博物馆展品中的应用（来源：百度图片）

1）动态场景生成

AIGC 技术使得动态场景生成实现了前所未有的实时性和高度逼真性。AIGC 技术可以通过捕捉用户的实时动作和环境变化，生成与之对应的动态视觉效果，从而使虚拟环境与用户的互动更加自然和流畅。

2）个性化互动

AIGC 技术为 AR 和 VR 内容提供了高度个性化的互动体验。通过分析用户的行为、偏好和历史数据，通过数据驱动创意，AIGC 系统可以智能调整和生成个性化的内容，从而提供更加丰富和定制化的互动体验。

### 9.1.2 AIGC 对影视特效行业的影响

#### 1. 提高制作效率与质量

传统的影视特效制作流程复杂且耗时，需要大量的人力和时间投入。AIGC 技术的引入，为影视特效制作提供了更加高效和低成本的解决方案。AIGC 特效通过自动化和智能化的技术手段，可以在单位时间内大幅减少人工工作量，可以更加逼真且便捷地完成角色或场景设计、角色建模、场景构建、剧本生成与对话编辑、音频处理等多方面的工作任务，能够大幅提高制作效率和质量，具体体现在以下几方面。

1）自动化工作流程

AIGC 特效可以自动完成许多烦琐的任务，例如自动抠像、图像增强和色彩校正。这些任务以往需要手工完成，耗费大量时间和精力。通过 AI 的自动化处理，不仅可以提高效率，还可以减少人为错误的发生。

2）实时反馈与调整

AI 技术使得实时反馈和调整成为可能。在特效制作过程中，AI 可以实时分析和处理影像数据，生成即时的效果预览。这使得制作团队能够快速调整和优化特效，提高工作效率和最终效果的质量。

3）高效的数据管理

特效制作需要处理大量的影像和数据。AI 技术在数据管理和处理方面展现了强大的能力，可以高效地组织和分析数据，提供有价值的见解，辅助创意决策。这不仅可以提高制作效率，还能为特效创作提供更大的灵活性和可能性。

#### 2. 激发创意表达的新维度

AIGC 技术为创作者提供了更多的工具和手段，为创意表达提供了新的维度和工具，打破了传统特效制作的技术壁垒，探索更多元化的表现形式，激发更多的创意表达。AIGC 通过无限的创意可能性、个性化定制和跨界融合，为影视特效行业注入新的活力和发展动力（图 9-4）。

图 9-4　AIGC 全流程微短剧《中国神话》

1）无限的创意可能性

AI 生成内容的多样性和灵活性，使创意工作者可以尝试前所未有的视觉效果和艺术表达。通过深度学习算法和生成对抗网络等技术，AIGC 能够生成复杂而逼真的特效，使创作者能够创造出更加奇幻、抽象或超现实的场景，极大地丰富了影视作品的视觉语言。例如，GANs 可以生成逼真的虚拟角色和环境，使得创作者能够实现更高水平的幻想和科幻场景的视觉表达，突破了传统特效在细节和真实性上的局限。

2）个性化定制

AI 技术通过大数据分析和机器学习算法，能够深入分析观众的偏好和反馈，帮助创意团队制作更具针对性和个性化的特效内容。基于观众数据，AIGC 可以生成符合特定观众群体审美和需求的特效，从而提升了观众的观看体验，并增加了作品的市场竞争力。例如，通过自然语言处理（NLP）技术，AI 可以理解剧本和导演的意图，生成高度匹配的视觉效果，确保特效与故事情节的完美融合。

3）跨界融合

AIGC 特效不仅在传统影视行业中表现出色，还在 VR、AR 和游戏等新兴领域展现了巨大潜力。AIGC 技术能够实时生成和调整特效，使得这些领域的互动性和沉浸感极大增强。通过跨界融合，AIGC 特效为创意产业带来了更多元的应用场景和市场机会。例如，在 VR 游戏中，AIGC 可以生成动态变化的环境和角色，提升游戏的沉浸感和玩家的互动体验；在 AR 应用中，AIGC 可以生成与现实世界无缝融合的虚拟元素，丰富了用户的视觉体验和互动方式。

### 3. 经济效益的提升

影视特效制作的高成本一直是行业的痛点。AIGC 特效通过技术手段，有效控制了制作成本，显著地降低了人力和时间成本的支出，优化了资源配置。

1）降低人力成本

AI 技术能够自动完成许多重复性和技术性的工作，减少对高技能人力的依赖。这不仅可以显著降低人力成本，还能将创意工作者从烦琐的工作中解放出来，专注于更具创造性的工作，提高整体效率。

2）节省时间成本

AIGC 特效在数据处理和特效生成方面的高效性，显著缩短了制作周期。传统的特效制作通常需要经过漫长的设计、建模、渲染和后期处理等多个环节，而 AIGC 技术通过自动化和智能化处理，可以在短时间内完成这些任务。这对于影视项目的预算控制和进度管理具有重要意义，可以有效减少因延误带来的额外成本。

3）资源优化配置

AI 技术可以对制作资源进行智能化管理和调配，确保资源的高效利用。通过大数据分析和预测模型，AIGC 技术可以优化特效制作中的各类资源需求，避免资源浪费和冗余，提高生产效率。例如，基于数据分析，AI 可以预测特效制作过程中所需的计算资源和时间，合理安排任务分配，确保每个环节都能高效运行。此外，AI 技术还能实时监控和调整资源使用情况，根据实际需求进行动态调整，最大化资源利用率。

### 4. 人才需求的变化

随着 AIGC 技术的迅猛发展，影视特效行业的人才需求结构正在发生显著变化。虽然对传统特效师的需求可能会有所减少，但对 AI 技术专家和数据科学家的需求则显著增加，这一趋势正在推动整个行业的人才结构调整和职业角色的重塑。

1）传统特效师的角色转变

在 AIGC 技术的影响下，传统特效师的职业角色正经历深刻的变革。为了适应这一新的技术环境，传统特效师需要主动学习和掌握 AIGC 相关技术，转变为具备 AI 技术能力的特效设计师。通过掌握这些新兴技术，特效师可以提升工作效率和创意表达能力，充分利用 AI 技术的优势来生成更为复杂和精细的视听效果。

2）AI 技术专家的需求增加

随着 AIGC 技术的普及，行业对 AI 技术专家和数据科学家的需求将显著增加，这些专业人才在 AIGC 技术的开发、优化和应用中扮演着关键角色，是推动技术进步和行业发展的重要力量。具体而言，AI 技术专家需要具备深度学习、机器学习、计算机视觉和自然语言处理等领域的专业知识，能够开发和优化生成模型，实现高效的特效生成。同时，数据科学家需要能够处理和分析大量的影视数据，为生成模型提供高质量的训练数据，并通过数据分析和挖掘，优化特效生成的效果和效率。

### 5. 创新与跨界合作

AIGC 特效通过创新驱动和跨界合作为影视行业带来了诸多创新机会，拓展了传统影视的创作边界和表现形式，推动了跨界合作的发展，并为观众带来了更加丰富和多样化的娱乐体验（图 9-5）。

图 9-5
敦煌 VR 沉浸展——“寻境敦煌—数字敦煌沉浸展”（来源：“数字敦煌沉浸展”小程序）

1）创新驱动的娱乐体验

AIGC 特效技术的引入，为影视作品的制作带来了新的创意手段和技术突破。AIGC 先进的算法与技术创新不仅丰富了影视作品的视觉语言，还为观众带来了更为沉浸和互动的观影体验。

2）跨界合作的多样化应用

AIGC 特效通过与其他领域的深度结合，推动了跨界合作的发展，创造出更加丰富和多样化的娱乐体验。通过虚拟现实（VR）技术，观众可以身临其境地体验电影中的场景和故事，增加了互动性和沉浸感。例如，观众可以通过 VR 设备，进入电影的虚拟世界，参与故事情节的发展，与虚拟角色互动，获得前所未有的观影体验。在增强现实（AR）领域，AIGC 特效同样具有广泛的应用前景。通过 AR 技术，影视作品中的特效可以与现实环境相融合，观众可以在现实世界中体验到虚拟特效的奇幻效果。这种技术的应用不仅提升了观众的体验感，还开辟了新的市场机会和商业模式。例如，在主题公园和博物馆中，AR 和 AIGC 特效可以结合，提供互动性强、教育意义深刻的体验项目，吸引更多的观众参与。

### 6. 教育与培训

AIGC 特效的发展也为影视教育和培训带来了新的机遇。通过虚拟现实和模拟技术，学生可以在虚拟环境中进行实践操作和学习，提高学习效果和实践能力。此外，AIGC 技术还可以用于创建虚拟教师和教学助手，辅助教学工作。

1）沉浸式实践操作与学习

虚拟现实和模拟技术的结合，为影视教育提供了高度仿真的实践操作平台。通过 AIGC 特效，学生能够在虚拟环境中进行复杂的特效制作和操作训练，而无须高昂的设备和场地成本。例如，在电影特效课程中，学生可以使用 VR 设备，进入一个虚拟的制作环境，学习和实践特效制作的各个环节，包括建模、渲染和动画生成。这种沉浸式学习方式不仅可以提高学生的动手能力和技术水平，还能增强他们对实际工作环境的适应性和理解力。

2）虚拟教师与教学助手

AIGC 技术在创建虚拟教师和教学助手方面展现出巨大的潜力。通过自然语言处理和深度学习算法，虚拟教师和教学助手能够模拟真人教师的教学方式和互动方式，根据学生的学习数据，为学生提供智能化的针对性辅导与支持，提高学习效果和个性化水平。

3）教学内容的智能生成与优化

AIGC 技术可以用于智能生成和优化教学内容，为影视教育提供丰富和多样化的教学资源。通过深度学习和数据分析，AIGC 系统能够生成高质量的教学视频、动画和图像，辅助教师进行课堂教学。例如，在影视特效课程中，AIGC 可以自动生成复杂场景和特效的制作过程演示，帮助学生更直观地理解和掌握相关技术。此外，AIGC 技术还可以根据学生的学习数据，进行智能化的针对性指导，提高学习效果和个性化水平。

AIGC 特效的发展为未来影视特效行业带来了前所未有的机遇，AIGC 特效正全方位地推动着行业的变革和创新。未来，随着人工智能技术的进一步成熟和应用的深入，AIGC 技术的发展将进一步提升影视特效的质量和表现力，应用范围更加广泛，创作者可以进行更个性化、多元化和智能化的影视创作，AIGC 必将为影视特效行业带来更多可能性和无限的创意空间。

未来，AIGC 特效在影视特效行业的发展方向主要有以下方面。

- 提高生成内容的分辨率和细节；
- 增强动态场景的生成和处理能力；
- 优化算法，提高生成效率和质量；
- 融合多种技术，实现更加逼真的综合效果；

……

**思考：**结合当前 AIGC 技术的发展趋势，思考 AIGC 特效在影视特效行业未来还有哪些潜在的发展方向和应用领域？请详细分析这些方向的技术可行性和应用前景，并探讨它们可能对影视制作流程、成本控制以及观众体验带来的影响。

## 9.2　AIGC 技术的潜力与挑战

AIGC 技术作为人工智能领域的重要突破，展现了巨大的应用潜力。未来，随着深度学习和大数据技术的进一步发展，AIGC 技术有望在更多行业领域取得突破，为人类社会带来更多的便利和价值。然而，在享受技术红利的同时，我们也需要高度重视 AIGC 技术带来的伦理、法律和社会问题，确保技术发展与社会进步的同步推进。然而，其发展过程中也面临着诸多挑战。通过技术创新、加强数据隐私和安全保护、完善伦理与法律框架、促进多学科协作与创新以及应对社会影响与挑战，AIGC 技术有望在未来取得更加广泛和深入的应用。随着 AIGC 技术的不断进步和完善，我们有理由相信，它将为人类社会的发展带来新的机遇和变革。只有这样，AIGC 技术才能真正实现其应有的潜力，为人类社会的发展贡献力量。

### 9.2.1　AIGC 技术的潜力

作为一种创新且前沿的人工智能技术，AIGC 技术有望在各个领域引发深刻的变革并创造新的机遇。通过深度学习和大数据分析，AIGC 能够在创造性与多样性、效率提升、成本降低和广泛应用等方面展现出卓越的优势和创新能力。AIGC 技术广泛且深远的潜力主要体现在以下几个方面。

#### 1. 创造性与多样性

AIGC 技术的一个显著优势在于其创造性和多样性。传统内容创作往往依赖人类的创意和努力，而 AIGC 可以通过深度学习算法，从海量的数据中提取和学习创意，从而高质量地生成新颖且多样的内容。例如，NVIDIA 发布的 GET3D 模型通过对大量 2D 图像的训练，展现了在 3D 形状生成方面的强大能力。在电影制作中，该模型可以用于生成复杂的视觉特效和动画场景，生成具备高保真纹理和复杂几何细节的三维形状，提高影片的视觉效果和制作效率。这一创新不仅显著提升了 3D 形状生成的精度和质量，还扩展了其在多种应用场景中的潜力。

#### 2. 提高效率

在内容创作领域，效率一直是一个重要的考量因素。AIGC 技术在多个领域展现出显著的效率提升潜力，通过自动化和智能化的方式，AIGC 技术能够大幅减少人力和时间成本，提高生产和创作效率。例如，在广告行业，创意文案和视觉设计往往需要耗费大量时间和精力，而 AIGC 可以快速生成多个创意方案，供人类创作者选择和优化。例如，AIGC 技术在角色设计方面展现出极大的效率提升潜力。传统的角色设计通常需要设计师进行多次草稿绘制、修改和优化，耗费大量时间和精力，特别是高帧率和高质量的动画，更是需要大量的时间投入。而利用 Midjourney、DALL · E2 等 AIGC 技术，在单位时间内生成草图的数量可以轻松超过人工手绘，快速生成高质量的角色设计，还可以保证绘图的一致性和精确性（图 9-6）。这种方式不仅能节省设计师的时间，还能够提供多样化的设计方案供选择，从而提高设计效率。

图 9-6
利用 Midjourney 做分镜头剧本设计案例

### 3. 降低成本

AIGC 技术不仅在提高效率方面表现出色，还在降低成本上展现出巨大的潜力。通过自动化和智能化的内容生成，不仅能够显著减少人力和时间成本，还能优化生产流程，缩短制作周期、提高资源利用效率，提升整体经济效益。此外，传统的创作工具往往价格昂贵，需要专业技能和培训，而 AIGC 技术提供的工具通常更加易用且经济。AIGC 技术工具使用的门槛降低，使得高效的 AIGC 软件与工具可以以较低的成本提供高质量的创作服务，显著降低了内容创作的成本。传统的内容创作需要投入大量的人力资源，而 AIGC 可以在减少人力投入的情况下，生成高质量的内容。这对于中小型企业和个人创作者来说，具有重要的经济意义。例如，在广告行业，AIGC 可以自动生成创意文案和视觉设计，减少对文案策划和设计人员的需求，从而降低人力成本；在影视行业，AIGC 可以自动生成剧本和动画帧，减少编剧和动画师的工作量，降低制作成本的同时还得以实现更多的创意想法。

### 4. 应用广泛

AIGC 技术的应用领域极其广泛，涵盖了娱乐、教育、广告、媒体等多个行业。在娱乐领域，AIGC 技术可以生成音乐、电影剧本和游戏内容，大大丰富创意表达的方式和内容生产的多样性；在教育领域，AIGC 能够自动生成教学材料和个性化学习方案，提升教育资源的利用效率和教学效果；在广告领域，AIGC 可以快速生成创意文案和视觉设计，显著提高广告制作的效率和效果；在媒体行业，AIGC 可以用于自动化新闻报道和内容推荐，极大地提高信息传播的速度和精准度。此外，AIGC 在建筑设计、医疗健康和金融服务等领域也展现出广阔的应用前景，通过智能化的内容生成和优化，推动各行业的创新与发展（图 9-7）。

图 9-7
《希望画廊》展览利用 AIGC 技术将癌症患者希望看到的瞬间呈现出来

### 5. 推动元宇宙发展

随着互联网和虚拟现实技术的迅猛发展，元宇宙逐渐成为学术界和工业界的热门话题。在这一发展过程中，AIGC 技术的引入和应用起到了关键性的推动作用。AIGC 技术能够自动生成高质量的虚拟场景和内容，显著降低元宇宙场景创作的技术门槛，使得创作者无须深厚的编程或设计技能即可打造丰富多样的虚拟环境。这一技术进步不仅大幅提升了元宇宙的构建效率和内容多样性，还极大地促进了元宇宙生态系统的扩展和繁荣。通过 AIGC 技术的支持，更多的用户和开发者能够轻松地参与到元宇宙的建设中，推动其从概念逐步走向现实应用。总之，AIGC 技术作为元宇宙发展的驱动力，正在不断推动虚拟世界向着更高的互动性、沉浸感和用户参与度迈进，为未来数字经济和社会形态的转变奠定了坚实的基础。

## 9.2.2　AIGC 技术面临的挑战

从技术进步到伦理问题，再到数据隐私和法律监管等多个方面，AIGC 技术在快速发展的同时也面临诸多挑战。深入了解这些挑战不仅有助于我们全面探讨 AIGC 技术的发展趋势，还能确保未来的技术应用更加安全、高效和创新。AIGC 技术目前正面临着一系列的挑战。

### 1. 技术瓶颈

尽管 AIGC 技术已经取得了显著进展，展现出巨大潜力，但其在技术上仍面临许多挑战。首先，生成内容的质量和真实性仍需提升。尽管 GANs 和 Transformer 等模型已经能够生成高质量的内容，但在动态场景的生成、复杂光影处理的效果等特定的应用场景下，生成内容的细节、连贯性和一致性仍有待改进。比如，复杂的光影处理需要算法能够准确地模拟光源、阴影、反射和折射等多种光学现象。然而，现有的 AIGC 技术在处理这些复杂光影效果时仍存在不足。在模拟生成一个阳光下的森林场景时，我们需要考虑阳光透过树叶的散射、地面的阴影以及不同物体表面的反光，但这些都是当前 AIGC 技术的薄弱环节。再比如，在一部科幻电影中，需要生成一个未来城市的全景动画。这不仅涉及复杂的建筑结构和细致的城市规划，还需要模拟出真实的光影效果，如日夜变化、灯光反射等。然而，现有的 AIGC 技术在处理这些细节时，往往会出现光影不自然、物体细节模糊等问题，导致最终的效果不够逼真。不准确的光影处理会导致生成内容显得不自然，降低用户的沉浸体验。

此外，对模型训练的数据需求与资源需求也是 AIGC 技术面临的一大问题。训练一个高质量的AIGC模型不仅需要海量的标注数据，还需强大的计算能力和存储资源。具体而言，深度学习模型的有效训练依赖大量高质量的标注数据，这些数据必须涵盖多样化的场景和细节，以确保模型能够生成准确且多样的内容。然而，获取和标注这些数据通常涉及高昂的成本和大量的人力资源。如何使生成内容保持足够的多样性和创新性，同时避免重复和雷同，是 AIGC 技术需要解决的另一大问题。

### 2. 数据隐私与安全

高效的 AIGC 模型的训练与应用通常需要访问和处理大量的用户数据，这引发了对数据隐私的严重担忧。其次，AIGC 模型在生成内容时可能会无意中泄露训练数据中的敏感信息，进一步加剧数据隐私风险。此外，AIGC 系统本身也可能成为网络攻击的目标，攻击者可以通过模型反向工程、数据投毒等手段破坏系统的正常功能或窃取敏感信息。因此，如何在数据收集、存储和使用过程中保护数据隐私，确保数据在整个生命周期中的安全，对于 AIGC 技术的可信和可靠应用至关重要。尤其是在医疗和金融等高敏感领域，数据隐私和安全问题更加突出。

### 3. 伦理问题

AIGC 技术的迅猛发展引发了一系列复杂的伦理问题，这些问题对技术的规范应用和社会接受度提出了严峻挑战。其中一个主要问题是内容生成的真实性和可信度。由于 AIGC 能够生成逼真的文本、图像和视频，存在被滥用（如深度伪造技术）以传播虚假信息或伪造内容的风险，误导公众认知，造成社会危害。例如，Deepfake 技术可以生成逼真的人脸视频，可能被用于政治或商业目的，带来严重的社会影响。其次，AIGC 技术在创意领域的应用引发了关于版权和知识产权的新争议。由于 AIGC 生成的作品往往基于已有数据进行学习和创作，如何平衡技术发展与版权保护是一个亟待解决的问题，明确作品的归属权和保护原创作者的权益变得愈发复杂。此外，为确保 AIGC 技术的健康可持续发展，在元宇宙中导致虚拟世界与现实世界的界限变得模糊等人工智能的伦理问题也需要被关注。

更为深远的是，AIGC 技术在艺术创作、文化生产等领域的广泛应用，可能挑战人类创意和艺术表达的独特性，进而引发关于人类主体性的哲学思考。人类是否应当以及在何种程度上允许机器参与甚至主导创意过程，是需要慎重对待的问题。为了应对这些伦理挑战，需要制定全面且细致的伦理规范和法律法规，确保 AIGC 技术的发展和应用在道德可接受的框架内进行。同时，技术开发者、政策制定者和社会各界需要展开深入对话，共同探讨 AIGC 技术的伦理界限和应用原则，以实现技术进步与社会价值的平衡。

### 4. 法律法规

AIGC 技术在中国的发展面临着一系列法律法规的挑战和局限性。现有法律框架对 AIGC 的适应性不足，数据隐私和安全保护存在困难，虚假信息和伦理问题亟待解决，法律责任和监管机制尚不完善。此外，行业标准的制定和国际合作的加强也至关重要。由于 AIGC 技术具有潜在的滥用风险，各国政府和国际组织正在探索制定相关的法律法规，以规范 AIGC 技术的应用。例如，欧盟和美国已经开始讨论和制定关于人工智能和数据保护的法律法规，以应对 AIGC 技术带来的挑战。然而，法律法规的制定和实施需要时间和协作，如何在保护公众利益的同时，促进技术创新，是一个复杂的问题。

#### 5. 社会影响

AIGC 技术在带来创新和效率提升的同时，也引发了广泛的社会影响。如何引导公众正确使用和理解 AIGC 技术，如何应对这些社会影响，确保技术进步与社会和谐发展的平衡，是 AIGC 技术需要关注的重要议题。

首先，AIGC 技术的普及可能对传统内容创作行业的就业市场和社会结构产生冲击。随着自动化和智能化水平的提高，许多传统岗位可能被取代，给依赖创意和内容生产为生的从业者带来失业或转型的压力，这种就业市场的结构性变化可能加剧社会不平等，并引发一系列社会经济问题。其次是社会信任问题。AIGC 技术生成的高度逼真的图像、视频和文本易于制造虚假信息，导致信息真实性和信任危机。虚假新闻和深度伪造视频等内容的传播，不仅可能误导公众，还可能引发政治、经济和社会的不稳定，进一步削弱媒体和公共机构的权威性，加剧社会分裂和对立。在伦理和道德层面，AIGC 技术在生成内容时也面临诸多困境，如隐私侵犯、版权纠纷和道德争议。此外，AIGC 技术生成的虚拟内容对人类心理和行为产生深远影响，长期沉浸在虚拟环境中可能导致现实感的弱化，影响人们对现实生活的认知和态度，并引发信息过载和选择性注意等问题，增加心理压力和认知负荷。文化和价值观的冲突也是 AIGC 技术在全球应用中的重要挑战。不同文化背景下的内容生成和传播，可能导致文化同质化和文化多样性的丧失，同时，AIGC 技术生成内容时可能不自觉地反映开发者的偏见和价值观，导致内容的偏颇和不公正。这些挑战不仅影响到技术本身的应用和发展，也对整个社会的稳定和发展提出了严峻考验。

### 9.2.3　AIGC 技术的改进空间

AIGC 技术面临的挑战不仅限制了 AIGC 技术的进一步发展，也影响了其在社会中的广泛接受。针对 AIGC 技术目前亟待解决的诸多挑战，以下将详细探讨 AIGC 技术在生成内容质量与多样性提升、数据隐私与安全保护、伦理与法律框架完善、多学科协作与创新，以及应对社会影响与挑战等方面的改进空间。

#### 1. 提升生成内容的质量和多样性

AIGC 技术需要进一步提升生成内容的质量和多样性，以满足不断增长的应用需求。当前，尽管 AIGC 技术在生成文本、图像和音频等内容方面取得了显著进展，但生成内容的质量和多样性仍存在不足。未来，提升生成内容质量和多样性的关键在于以下几方面。

1）优化生成模型的结构

通过优化生成模型的结构，可以增强模型对细节和一致性的把握。例如，改进生成对抗网络的结构，使其能够更好地捕捉和生成复杂的细节，从而生成更加逼真的图像和视频。此外，利用变分自编码器（VAE）和自回归模型等技术，可以进一步提升生成内容的多样性。

2）改进训练方法

改进训练方法是提升生成内容质量的重要途径。采用更有效的训练算法和策略，如自监督学习、半监督学习和迁移学习，可以在减少数据需求的同时，提升模型的生成能力。通过引入注意力机制和多模态学习，模型可以更好地理解和生成复杂的内容，提高生成结果的质量和多样性。

3）探索新的生成算法和技术

未来，AIGC 技术需要不断探索新的生成算法和技术，以提升生成内容的创新性和独特性。例如，结合生成对抗网络和变分自编码器的优势，可以开发出更强大的生成模型。此外，量子计算和神经符号计算等新兴技术的应用，也有望为 AIGC 技术带来新的突破。

### 2. 加强数据隐私和安全保护

为了确保数据在收集、存储和使用过程中的安全性和隐私保护，AIGC 技术在未来发展中需要采取以下一系列措施。

1）采用先进的加密技术和隐私保护算法

采用先进的加密技术和隐私保护算法，可以有效降低数据泄露和滥用的风险。例如，差分隐私（Differential Privacy）技术可以在数据分析过程中保护个体隐私，联邦学习（Federated Learning）技术则允许在不共享原始数据的情况下进行模型训练，从而保护数据隐私。通过应用这些技术，AIGC 技术可以在确保数据隐私的前提下，充分发挥其潜力。

2）建立健全的数据安全管理体系

建立健全的数据安全管理体系，是保障数据安全的重要措施。企业和研究机构应建立全面的数据安全管理体系，包括数据安全策略、风险评估、应急响应等方面的内容。通过定期进行安全审计和风险评估，可以及时发现和解决潜在的安全隐患，确保数据安全。

### 3. 完善伦理与法律框架

随着 AIGC 技术的发展，建立和完善相应的伦理和法律框架，是规范技术应用、防范风险的重要保障。

1）制定明确的法律法规和行业标准

制定明确的法律法规和行业标准，是规范 AIGC 技术应用的基础。各国政府和国际组织应共同努力，根据各国情况制定并实施统一的数据保护法律法规，确保数据在全球范围内得到有效保护。同时，行业协会和标准化组织应制定相应的行业标准和规范，指导企业和研究机构在数据使用和保护方面的实践。

2）加强公众教育和引导

加强公众教育和引导，是提升社会对 AIGC 技术认知和接受度的重要途径。政府、企业和教育机构应通过多种形式，向公众普及 AIGC 技术的基本知识和应用前景，增强公众对技术的理解和信任。同时，通过组织研讨会、培训班等活动，可以帮助从业人员和相关利益方了解和掌握 AIGC 技术的伦理与法律规范，推动技术的规范应用。

3）建立伦理审查和监督机制

建立完善的伦理审查和监督机制，是防范 AIGC 技术伦理风险的重要措施。政府和行业协会应设立专门的伦理审查机构，对 AIGC 技术的研发和应用进行伦理审查和监督，确保技术应用符合伦理要求。此外，应建立技术应用的公众参与机制，听取公众的意见和建议，提升技术应用的透明度和公众信任度。

### 4. 促进多学科协作与创新

AIGC 技术的发展需要多学科的协作与创新，通过不同学科的交叉融合，可以推动技术的全面发展和应用。

1）加强多学科交叉融合

通过加强人工智能、计算机科学、认知科学、伦理学等学科的交叉融合，可以推动 AIGC 技术的全面发展。例如，人工智能与认知科学的结合，可以提升模型对人类认知和行为的理解能力，生成更加智能和人性化的内容。伦理学的参与，可以帮助识别和解决技术应用中的伦理问题，确保技术应用符合伦理要求。

2）鼓励产学研合作

鼓励产学研合作，是推动 AIGC 技术产业化和应用推广的重要途径。政府应制定相应的政策，支持企业、研究机构和高校之间的合作，通过联合研发、技术转移等方式，加速技术的产业化进程。同时，企业应积极参与科研活动，提供实际应用场景和数据支持，推动技术研发和应用的相互促进。

3）建立创新生态系统

建立完善的创新生态系统，是推动 AIGC 技术可持续发展的重要保障。政府、企业、研究机构和社会各界应共同努力，构建良好的创新环境，包括资金支持、政策激励、人才培养等方面的内容。通过建立创新孵化器、产业园区等平台，可以为技术创新提供全方位的支持和服务，推动 AIGC 技术的快速发展和广泛应用。

### 5. 应对社会影响与挑战

针对 AIGC 技术可能带来的社会影响，需要采取积极的应对措施，以确保技术发展与社会和谐共进。

1）制定合理的政策和措施

政府应制定合理的政策和措施，缓解 AIGC 技术对就业结构变化带来的社会压力。例如，通过政策引导和财政支持，促进就业转型和劳动力再培训，帮助受影响的从业人员掌握新的技能，适应技术变革。同时，应完善社会保障体系，为失业人员提供必要的保障，减轻其经济压力和心理负担。

2）加强职业教育和培训

加强职业教育和培训，是提升从业者技能和素质，适应新技术变革的重要途径。政府、企业和教育机构应共同努力，提供多样化的职业教育和培训机会，帮助从业者提升技能水平，增强就业竞争力。例如，可以通过在线课程、职业培训班等形式，向劳动者传授 AIGC 技术相关知识和技能，帮助其更好地适应和应用新技术。

3）推动社会共识和合作

推动社会共识和合作，是应对 AIGC 技术社会影响的重要保障。政府、企业、研究机构和社会各界应加强沟通和协作，建立广泛的社会共识，共同应对技术发展带来的挑战。例如，可以通过组织论坛、研讨会等活动，探讨 AIGC 技术的社会影响和应对策略，推动各方达成共识，形成合力，共同推动技术发展与社会进步。

因此，只有通过不断优化生成模型的结构和训练方法，加强数据隐私和安全保护，完善伦理与法律框架，促进多学科协作与创新，以及采取积极的社会应对措施，才可以不断推动 AIGC 技术的全面发展和应用，从而实现技术进步与社会和谐共进。

思考：针对 AIGC 使用过程中设计的数据隐私与安全问题，讨论 AIGC 技术如何在收集和使用数据的过程中保护用户隐私。请提出并解释两种技术措施，并分析其有效性。

## 9.3 人才培养与职业发展

AIGC 特效的发展对特效人才的需求和培养提出了新的、更高的要求。传统的特效制作通常依赖大量拥有专业技术的人才，他们在计算机图形学、动画设计和后期制作等方面具备深厚的专业知识。然而，随着 AIGC 特效的兴起，行业对人才的要求发生了显著变化。这类特效不仅需要从业者具备传统的专业技术，还要求他们掌握跨学科的知识和技能，例如人工智能、机器学习和数据科学等领域。因此，未来的特效人才必须是兼具多学科背景的复合型人才，以满足 AIGC 特效制作的复杂需求，并推动这一领域的持续创新和发展。

### 9.3.1 跨学科人才的崛起

《AIGC：智能创作时代》一书中提到，AIGC 是一次科技与艺术的碰撞，它有能量有情绪，能够触动我们的情感。AIGC 特效技术是技术与创意的双向驱动，二者需要相互促进、共同发展，AIGC 特效技术的创新与突破发展需要有机融合计算机科学、人工智能、视觉艺术等多个领域的知识。这种跨学科的需求，决定了未来特效行业的核心竞争力将集中在那些具备广泛知识背景和多种技能的人才身上。具体而言，AIGC 特效制作不仅要求从业者精通计算机图形学和算法，还需深刻理解机器学习的原理和应用，以及具备视觉艺术的审美能力和创意设计能力。这种多学科背景的融合，可以带来更多的创新思维和解决方案，实现技术的创意化应用和创意的技术化表达，从而激发更多的创新火花和技术突破，推动特效制作的不断进步。以下将详细探讨计算机科学与人工智能，以及视觉艺术与创意思维在人才培养中的重要性。

#### 1. 计算机科学与人工智能

计算机科学与人工智能不仅是技术的代名词，也在创意表达中扮演着重要角色。通过技术与艺术的有机融合，AIGC 特效能够实现更高水平的视觉表现力和创意创新。计算机视觉、深度学习和自然语言处理等前沿技术，都是实现智能生成特效的关键要素。这些技术不仅显著提升了特效制作的效率，还极大地拓展了创意表现的边界。

例如，通过应用深度学习模型，可以自动生成高度复杂的视觉效果，从而减少了人为干预的需求，大幅度提高了制作速度。计算机视觉技术能够实现对图像和视频的精确分析与处理，使得特效的细节更加逼真和细腻。深度学习则通过神经网络的训练，生成高度拟真的特效场景和元素。自然语言处理技术在特效生成过程中，可以实现对文本描述的智能理解和转换，为特效制作提供更为丰富的创意素材。

#### 2. 视觉艺术与创意思维

除了技术上的精通，AIGC 特效还要求从业者具备高度的艺术审美和创意思维。特效不仅是技术手段的体现，更是艺术表达的载体。因此，拥有艺术设计、色彩理论、构图技巧等视觉艺术专业背景的人才，在 AIGC 技术应用与创新中将扮演至关重要的角色，其创意思维和艺术审美，将帮助技术团队实现更为震撼和富有感染力的视觉效果（图 9-8）。

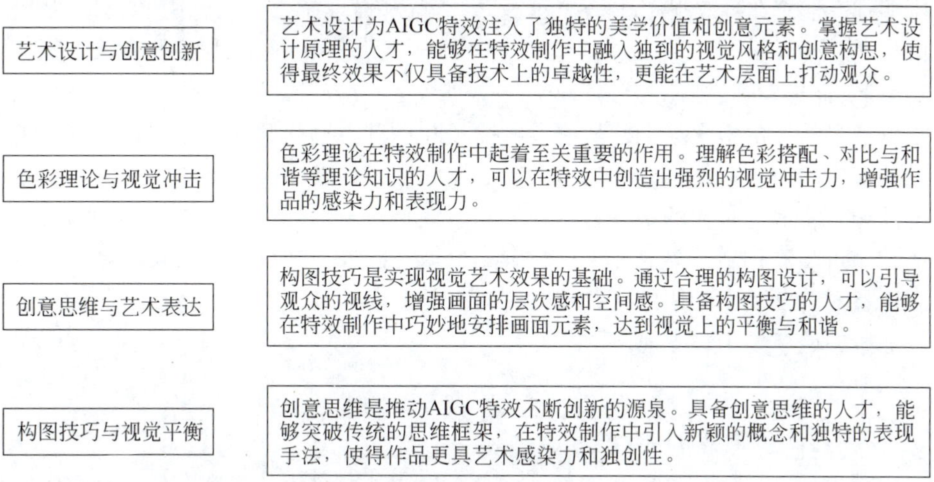

| | |
|---|---|
| 艺术设计与创意创新 | 艺术设计为AIGC特效注入了独特的美学价值和创意元素。掌握艺术设计原理的人才，能够在特效制作中融入独到的视觉风格和创意构思，使得最终效果不仅具备技术上的卓越性，更能在艺术层面上打动观众。 |
| 色彩理论与视觉冲击 | 色彩理论在特效制作中起着至关重要的作用。理解色彩搭配、对比与和谐等理论知识的人才，可以在特效中创造出强烈的视觉冲击力，增强作品的感染力和表现力。 |
| 创意思维与艺术表达 | 构图技巧是实现视觉艺术效果的基础。通过合理的构图设计，可以引导观众的视线，增强画面的层次感和空间感。具备构图技巧的人才，能够在特效制作中巧妙地安排画面元素，达到视觉上的平衡与和谐。 |
| 构图技巧与视觉平衡 | 创意思维是推动AIGC特效不断创新的源泉。具备创意思维的人才，能够突破传统的思维框架，在特效制作中引入新颖的概念和独特的表现手法，使得作品更具艺术感染力和独创性。 |

图 9-8　视觉艺术与创意思维对 AIGC 特效行业发展的影响要素

由此，艺术审美和创意思维在 AIGC 特效中的重要性不可低估。具备视觉艺术背景的人才，通过其在艺术设计、色彩理论、构图技巧和创意思维等方面的专业知识与技能，将为 AIGC 特效的技术团队提供强大的支持，助力实现更加震撼和富有感染力的视听效果。

## 9.3.2　技术培训与教育的变革

为了适应 AIGC 特效的发展，特效从业者必须持续更新和提升其技术能力，以应对不断变化的行业需求。在快速发展的技术环境中，只有不断学习和适应，才能在 AIGC 特效领域保持领先地位，推动行业的创新和进步。针对这一趋势，无论是高校、行业内部的企业培训中心，还是外部的专业教育机构，都应该意识到技术培训的重要性，积极调整其课程设置，提供专门针对 AIGC 特效技术的教学目标与培训计划。因此，针对如何确保从业者能在快速发展的技术环境中保持竞争力并推动行业的持续进步这一话题，本节将从教育培训的必要性以及实施方法两方面展开。

### 1. 教育培训的必要性

1）更新知识体系

AIGC 特效的技术更新速度非常快，从业者需要不断学习和掌握最新的技术知识和工具。系统的培训课程可以帮助从业者快速了解和应用最新的 AI 技术，提升工作效率和创作水平。例如在影视特效方面，如 Maya、Houdini、Nuke 等现代化的特效制作软件和工具的高级应用，可以帮助从业者掌握如何利用其进行高质量的特效制作。同时，虚拟制作（virtual production）技术，包括实时渲染引擎的使用，在现代影视特效制作中越来越重要。通过对新兴趋势和技术的学习，不断地更新自己的知识体系，从业者能够在特效设计和制作中打造更加逼真和震撼的视听效果。

2）提升专业技能

针对性的技术培训对于提升从业者的专业技能至关重要。例如，深度学习算法的应用培训可以使从业者掌握如何利用神经网络进行复杂特效的自动生成；视觉设计软件的使用培训则能提高他们在特效制作过程中的操作熟练度和设计能力。这些专业技能的提升不仅可以帮助从业者在日常工作中高效解决实际问题，还能激发新的创作思路和方法，推动创新。

3）促进职业发展

通过持续的教育培训，从业者可以不断提升自己的职业能力和市场竞争力，获得更多的职业发展机会。特别是在 AIGC 特效技术迅速发展的背景下，掌握先进技术和专业技能的从业者将成为行业的中坚力量。他们不仅具备解决当前技术挑战的能力，还能引领行业的技术进步和创新，为企业创造更高的价值。此外，持续的职业发展培训还可以帮助从业者保持对行业动态的敏感度，及时调整自身的职业规划和发展路径，确保自己在激烈的市场竞争中始终处于领先地位。

### 2. 教育培训的实施

1）高校与外部机构合作

首先，高校应积极推动产教融合，通过与外部机构的深度合作，打造以实战为导向的教学模式。例如，高校可以与知名影视企业或特效公司合作，设立联合实验室或工作坊，让学生在实际项目中锻炼技能，体验真实的工作环境。同时，通过引入合作企业的真实案例进行教学，学生可以更直观地理解和掌握理论知识在实际应用中的重要性。第二，高校应组织学生参与实际项目的开发和制作，锻炼学生的综合能力。定期开展案例分析和技术研讨，邀请行业专家和学者进行讲座和讨论，使学生了解行业前沿动态和技术发展趋势。第三，部分合作方在 AI 技术和视觉艺术的研究和教育方面具有丰富的资源和经验。高校可以与其共同设计和实施高质量的培训课程，提供全面的学术支持。例如，高校可以与著名的科研机构合作，开发一系列在线课程，从 AIGC 特效的基础理论到高级应用。此外，高校还可以组织学术会议和技术论坛，促进学术交流和知识共享，为特效从业者提供最新的研究成果和实践经验。

2）专业课程设置

无论是高校或是培训课程设置上，都应设置涵盖计算机科学、人工智能、视觉艺术等多个领域的综合课程，旨在培养具备跨学科知识和技能的复合型人才。例如，开设“AI 在特效中的应用”“计算机视觉与深度学习”“数字艺术与视觉设计”等课程，帮助学员系统地掌握相关知识和技能。

3）行业内培训计划

特效制作公司和行业协会应积极组织内部培训计划，邀请行业专家和技术专家进行授课和指导，确保培训内容的前沿性和实用性。这些培训计划应注重覆盖最新的技术动态和应用案例，帮助从业者深入理解和高效应用 AIGC 特效技术。通过与顶尖专业人士的互动，学员能够获得第一手的行业经验和洞见，提升其在实际工作中的操作技能和问题解决能力。通过不断引入最新的技术动态和应用案例，可以帮助从业者不断提升自身在 AIGC 特效领域的核心竞争力，不仅有助于个人职业发展，还能为整个特效行业培养更多高素质的专业人才。

4）在线教育与自学平台

随着在线教育的发展，越来越多的从业者选择通过网络课程提升自己的技能。各大在线教育平台应抓住这一机遇，推出高质量的 AIGC 特效相关系列课程。利用在线教育平台，通过在线课程、直播讲座和互动交流等方式，可以打破时间和空间的限制，为更多的从业者提供更便捷而有效的学习机会。此外，在线教育平台还应注重社群建设，提供学员之间以及学员与导师之间的互动交流机会。通过讨论论坛、在线研讨会和项目协作等形式，学员可以分享学习心得和实战经验，互相启发，共同进步。这种互动不仅有助于巩固学员的知识，还能激发其创新思维和创意能力。

总之，为了适应 AIGC 特效的迅速发展，无论是个体学习者、高校、企业，还是专业的教育培训机构，都需要采取积极而系统的应对策略。通过多层次、系统化、针对性和前瞻性的培训和学习机制，帮助学习者迅速掌握并应用最新的 AI 技术，提升其解决实际问题的能力和创新能力，在不断演进的 AIGC 特效行业中脱颖而出、保持竞争优势，进而有能力推动行业的技术进步与创新。

## 9.3.3　AIGC 特效职业发展的新机遇

微课视频

AIGC 技术在电影、广告和游戏等多个领域取得了飞速发展。作为一种结合了人工智能和创意艺术的新兴技术，AIGC 不仅改变了特效制作的方式，也为特效从业者带来了职业发展的新机遇，具体表现体现在以下五个方面。

### 1. 跨学科技能提升

1）多技能人才的培养

具备人工智能和创意设计双重技能的复合型人才将更受市场的青睐，从而增强自身的职业竞争力。

2）新职位的诞生

AI 特效工程师、机器学习艺术家等新兴职位将逐渐成为行业中的热门岗位，提供更多的职业选择。

### 2. 自动化与效率提升

1）时间管理优化

自动化特效生成大大减少了手动工作时间，使得从业者可以更有效地管理项目时间，提升整体生产效率。

2）大规模项目管理

由于 AIGC 技术的高效性，从业者能够更轻松地管理和完成大规模的特效项目，从而在职业发展中获得更多的大型项目经验。

### 3. 新兴领域的拓展

1）VR 和 AR

在 VR 和 AR 领域，AIGC 技术可以生成沉浸式的虚拟环境和互动体验，特效从业者可以在这些前沿领域找到更多的发展机会。

2）互动娱乐和游戏

AIGC 在游戏特效中的应用前景广阔，例如，自动生成的游戏场景和角色将大幅提升游戏的视觉效果和玩家体验，为特效从业者提供新的职业路径。

#### 4. 个性化和定制化服务

1）定制化特效服务

利用 AIGC 技术，特效从业者可以为客户提供高度定制化的特效解决方案，满足不同行业和客户的个性化需求。

2）内容创作平台

从业者可以借助 AIGC 技术开发内容创作平台，为用户提供自动化特效生成服务，从而开拓新的商业模式和收入来源。

#### 5. 全球化合作与交流

1）远程协作与外包

通过 AIGC 技术，特效制作团队可以实现跨国远程协作，打破地域限制，扩大职业发展空间。

2）国际项目参与

具备 AIGC 技术能力的特效从业者可以参与更多的国际项目，积累丰富的国际经验，提升职业竞争力。

### 9.3.4 AIGC 特效职业发展的变化与挑战

随着技术的普及，特效从业者的职业发展也面临新的变化和挑战，这包括技能需求的变化、创意与技术的融合以及工作角色的转变。

#### 1. 技能需求的变化

传统特效制作主要依赖手工绘制和 3D 建模技能，而 AIGC 的引入意味着从业者需要掌握更多的人工智能和机器学习知识，它突破了传统创作手段的限制，提供更多元化的表现形式，激发从业者的创新潜力。但与此同时，要求特效艺术家不仅要具备创意能力，还要懂得如何运用和优化 AIGC 工具。

#### 2. 创意与技术的融合

AIGC 技术的使用并不意味着创意被取代。相反，AIGC 可以帮助从业者快速实现创意构想，例如，通过技术生成逼真的场景和角色，艺术家可以将更多时间和精力投入创意设计上，而不是烦琐的技术实现上。特效从业者需要将创意和技术相结合，利用 AIGC 技术实现更具创意和视觉冲击力的效果。这将促使从业者不断学习和创新，提升自身的综合能力。

#### 3. 工作角色的转变

随着 AIGC 技术的发展，特效团队的工作角色可能会发生变化。传统的特效制作过程将更多地依赖于 AIGC 工具，而特效艺术家将更多地扮演监督和创意指导的角色，确保 AIGC 生成的内容符合项目需求和艺术标准。

总之，AIGC 特效职业的发展既充满机遇，也面临挑战。从业者需要不断学习和适应新技术，构建和更新知识体系、积累实践经验以及获得专业认证，以应对行业变化带来的各种挑战。同时，AIGC 技术的进步和应用场景的拓展，也将为特效职业带来更多的发展空间和可能性。通过不断探索和创新，特效从业者可以在 AIGC 时代实现个人职业发展的新高峰，从而推动行业的持续进步和繁荣。

**思考与练习**

在 AIGC 的大背景下，人才的需求在发生很大的改变，未来很多人才将面临转型的挑战与机遇。思考终身学习在 AIGC 快速发展背景下的重要性，并提出如何在个人和组织层面建立有效的学习机制，以保持持续的职业竞争力。

# AIGC 驱动的影视特效项目案例展示

扫码学习和欣赏

## 1. 海洋文化

学生案例作品《Consipus Ocean》，作者：熊庆萍、单昕慧。

2s 第一镜

5s 第二镜

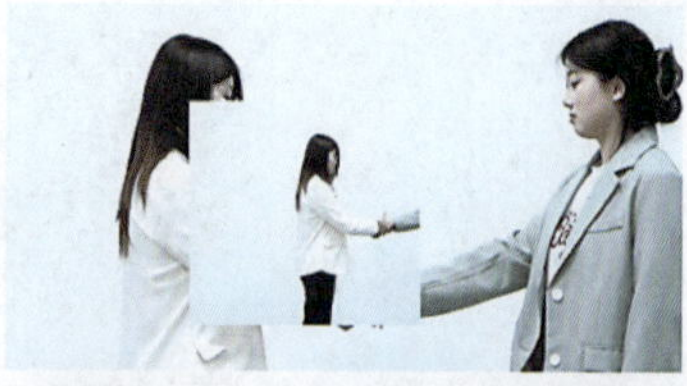
11s 第四镜

29s 第七镜

36s 第十二镜

57s 第十六镜

59s 第十七镜

1'09s 第十九镜

1'19s 第二十二镜

## 2. 未来世界

学生案例作品《重返地球》，作者：张齐岳、陈迦勤、郑毅平、王格。

## 3. 能源深思

学生案例作品《谁的明天》，作者：范鲁娜、刘奕良、王鹏博、张麒麟。

### 4. 人文历史

学生案例作品《清明上河图》，作者：陈佳雯、齐思晗、张馨予。

### 5. 非遗传承

学生案例作品《茧丝雅韵》，作者：路佳琦、刘向惠、刘雨、聂巧凤、刘红丽、李振豪、邹新宇、黄茹茹。

### 6. 海洋保护

学生案例作品《核以为家》，作者：刘向惠、刘雨、刘红丽、聂巧凤。

### 7. 环境保护

学生案例作品《杀戮反转》，作者：储晓娜、王佳煜、孙馨瑶、张珍。

### 8. 女性力量

学生案例作品《不被定义的她》，作者：田奕然、李伊航、白思凡、刘佳。

附录 B

# 世界电影特技的发展

扫码浏览和下载

# 参 考 文 献

[1] 郝冰 . 奇观影像的百年回顾——电影特效的发展及其对电影本体论的革命 [J]. 当代电影，2004（01）：124.

[2] 张歌东 . 电影特技的发展与意义（上）[J]. 电视字幕．特技与动画，2004（8）：5.

[3] 李四达 . 数字媒体艺术概论（第 4 版）[M]. 北京：清华大学出版社，2020.

[4] 朗影技术 细数电影特效发展史，每种特效都是一场革命 [OL] 朗影技术（微信公众号）2022 年 10 月

[5] 黎敏，姬鹏 . 物形与神性——东方语境下的影视奇幻角色设计 [J]. 当代电视，2024，（04）：60-64.

[6] 李蕊 . 从多重曝光到 AIGC：技术变革与影像奇观 [J]. 当代电影，2024，（05）：157-162.

[7] 罗时俊彦 . 中国电影特效发展历程探究 [J]. 科技传播，2019，11（09）：148-149.

[8] 徐明明，成彪 . 中国电影特效发展历程纪要 [J]. 新疆艺术学院学报，2022，20（01）：89-94.

[9] 赵鋆凡，苏明扬，李秀 . AIGC 赋能高效电影制作——以 3D 人体动画生成工具为例 [J]. 现代电影技术，2023，（07）：4-9.

[10] 沈洁，刘凡 . AIGC 赋能下电影数字化创新应用研究 [J]. 电影文学，2024，（09）：22-26.

[11] 周安华，杨茹云 . 边界、融合与文化再生产——科学主义视角下的电影跨媒介改编与叙事革命 [J]. 上海大学学报（社会科学版），2024，41（03）：50-59.

[12] 申宏雁 . 中国电影 2017—2018：主旋律影片的突破与现实主义的回归 [J]. 艺术科技，2019，32（01）：114-116.

[13] 黄荣 . 数字技术视域下影视叙事时空的建构与审美嬗变 [J]. 声屏世界，2022（19）：56-58.

[14] 苏星．视觉预览对电影制作的影响研究 [D]. 重庆大学，2022. DOI：10. 27670/d. cnki. gcqdu. 2020. 003062.

[15] 班亮 . 中国科幻电影视觉呈现效果研究 [J]. 电影文学，2022（19）：70-76.

[16] 邵俊 . 类型电影技术透镜下的人物困境 [J]. 电影文学，2022（19）：83-86.

[17] 陈涛 .“幻影之旅”镜头的美学特征 [J]. 文艺研究，2016（02）：97-105.

[18] 梁紫微 . 3D 电影：影像空间的构建与电影语言的革新 [J]. 电影新作，2021（04）：67-73.

[19] 曲维元，李新新 . 浅论科幻类型电影美术中概念设计的“合理性”[J]. 传播力研究，2019，3（10）：47.

[20] 孔小满．计算机软件在动画视听合成中的应用 [D]. 江苏：东南大学，2013. DOI：10. 7666/d. Y2511518.

[21] 邹阳阳．数字影像的“有我之境”研究 [D]. 山东：山东师范大学，2013.

[22] 吉家进 . After Effects“模块化”学习策略之三维空间的应用 [J]. 中国信息技术教育，2015，（22）：54-55.

[23] 辛志伟．关于应用计算机辅助艺术设计的探讨 [J]. 电子制作，2014（15）：66-66. DOI：10. 3969/j. issn. 1006-5059. 2014. 15. 047.

[24] 高丕芝 . 广播电视工程中数字音频技术的应用探究 [J]. 电声技术，2023，47（07）：40-42. DOI：10.

16311/j. audioe. 2023. 07. 012.

[25] 沈丹妮 . 科技美学视域下 AIGC 技术对动画创作的影响 [J]. 美术教育研究，2024，( 09 )：117-119.

[26] 张静，王文彬 . AIGC 时代，媒体机构如何把握下一个风口 [J]. 中国传媒科技，2023，( 07 )：22-26. DOI：10. 19483/j. cnki. 11-4653/n. 2023. 07. 003.

[27] 宗玲，易帅，赵峰，等 . 三维软件课程的微课教学实践 [J]. 电子技术，2023，52 ( 04 )：340-341.

[28] 姚骏 . MAYA 软件基础教学之探讨——MAYA 模型制作完成后的规范性操作 [J]. 智库时代，2017 ( 13 )：64-65.

[29] 谢梅芬 . 基于 MAYA 软件的动画角色设计与实现 [J]. 电子技术与软件工程，2022 ( 24 )：44-48.

[30] 冯波 . 三维角色动画中运动控制的主要技术 [J]. 科技资讯，2007 ( 27 )：196. DOI：10. 16661/j. cnki. 1672-3791. 2007. 27. 159.

[31] 马楠，郎昆 . 动画角色在故事创作中的定位与表达探究 [J]. 艺术教育，2024 ( 04 )：187-190.

[32] 陈鹏，汪开庆 . 试论角色动作在动画电影中的作用 [J]. 电影文学，2015 ( 03 )：83-85.

[33] 何国威 . 从动作捕捉到虚拟偶像：计算机技术对演员及电影娱乐生态的发生与重构 [J]. 当代电影，2022 ( 01 )：72-81.

[34] 薛峰，李啸寒 . 谈 AIGC 动画在非遗文化传播中的应用创新 [J]. 电影评介，2024 ( 03 )：14-23. DOI：10. 16583/j. cnki. 52-1014/j. 2024. 03. 022.

[35] 贺京华，姜皖 . AIGC 驱动下的动画创作：技术变革、融合路径与风险挑战 [J]. 北京印刷学院学报，2024，32 ( 05 )：68-72. DOI：10. 19461/j. cnki. 1004-8626. 2024. 05. 005.

[36] 叶佑天，姜金镇 . 人工智能赋能动画创作方式的新思考 [J]. 电影评介，2024 ( 03 )：7-13. DOI：10. 16583/j. cnki. 52-1014/j. 2024. 03. 012.

[37] 王春华 . 人工智能时代本科动画人才培养面临的挑战与对策 [J]. 中国大学教学，2023 ( 08 )：22-26.

[38] 董荪，丁友东，钱昀 . 基于人工智能的风格迁移算法在动画特效设计中的应用 [J]. 装饰，2018 ( 01 )：104-107. DOI：10. 16272/j. cnki. cn11-1392/j. 2018. 01. 024.

[39] 彭进业，余喆，屈书毅，等 . 基于深度学习的图像修复方法研究综述 [J]. 西北大学学报 ( 自然科学版 )，2023，53 ( 06 )：943-963. DOI：10. 16152/j. cnki. xdxbzr. 2023-06-006.

[40] 张健，王雨心，袁哲 . AIGC 赋能传统文化传承设计方法与实践——以山西省永乐宫数字化展示中心方案设计为例 [J]. 计，2023，36 ( 17 )：30-33.

[41] 赵立立 . 视觉特效中摄影机运动轨迹反求技术的应用 [J]. 西部广播电视，2018，( 21 )：219-220.

[42] 孙见昕 . 浅谈电影特效摄制生产流程 [J]. 现代电影技术，2021 ( 02 )：54-57+37.

[43] 张小平 . 2022 中国元宇宙科技传播白皮书 [J]. 中国科技信息，2023，( 02 )：2-22.

[44] 袁菡 . 三维时代的二维动画创作研究 [D]. 武汉理工大学，2016.

[45] 薄一航 . 后数字时代计算思维下的电影研究新范式 [J]. 北京电影学院学报，2023 ( 10 )：23-32.

[46] 陈彦冰 . 从虚拟拍摄的角度探讨数字资产在当代电影制作中的价值和意义 [D]. 中国艺术研究院，2023. DOI：10. 27653/d. cnki. gzysy. 2022. 000100.

[47] Computational aesthetics and applications. [J]. Bo Yihang;;Yu Jinhui;;Zhang Kang. Visual computing for industry，biomedicine，and art，2018

[48] Transformation of Text-to-3D Graphics[J]. Kadir，Rabiah Abdul;;Ahmad，Azlina;;Marstawi，Ali. Advanced Science Letters，2018

[49] Modified GAN with Proposed Feature Set for Text-to-Image Synthesis[J]. Talasila Vamsidhar;Narasingarao M. R. ;Mohan V. Murali. International Journal of Pattern Recognition and Artificial Intelligence，2023
[50] 赵文雯 . 我国滨海城市市民海洋文化认知度现状调查及提升策略研究——以湛江市为例 [J]. 东南传播，2018，( 11 ): 37-39. DOI：10. 13556/j. cnki. dncb. cn35-1274/j. 2018. 11. 014.
[51] 刘阳 . 虚拟现实技术与实拍结合在影视创作中的应用 [J]. 芒种，2017，( 20 ): 97-98.
[52] 王超杰 . 初探三维雕刻软件 ZBrush 在生物角色建模中的应用 [J]. 美术教育研究，2011，( 08 ): 175.
[53] 李琴 . 动画制作中数字软件的功能分析 [J]. 信息与电脑（理论版），2015，( 12 ): 50-51.
[54] 俞砚秋 . 关于数字动态《清明上河图》中的美学思考 [J]. 美与时代（中旬），2014，( 08 ): 87-88. DOI：10. 16129/j. cnki. mysdz. 2014. 08. 090.
[55] 吴迪 . 后现代语境下汤姆 · 提克威电影研究 [D]. 南京师范大学，2015.
[56] 王茹 . 纪录片《在乡者》创作阐述 [D]. 南京师范大学，2021. DOI：10. 27245/d. cnki. gnjsu. 2021. 002847.
[57] 王愿 . 新媒体环境下中国动画短片的现状与对策分析 [D]. 湖南大学，2013.
[58] 孙柏林 . ChatGPT：人工智能大模型应用的千姿百态 [J]. 计算机仿真，2023，40（07）: 1-7.
[59] 宋博洋 . 浅谈 AIGC 给编辑出版行业带来的变革与挑战 [J]. 传播与版权，2023，( 14 ): 17-20. DOI：10. 16852/j. cnki. 45-1390/g2. 2023. 14. 011.
[60] 周圳 . 起底百度 AI 作画，天宫盛宴刷屏视频背后的未来变革 [J]. 大数据时代，2023，( 02 ): 54-59.
[61] 贾宇航 . 基于改进生成对抗网络的图像风格转换研究 [D]. 辽宁工程技术大学，2023. DOI：10. 27210/d. cnki. glnju. 2023. 000438.
[62] 梁涛，姚怡然，丁满 . 基于深度学习的虚拟人物形象生成和设计研究 [J]. 包装工程，2023，44（16）: 59-66. DOI：10. 19554/j. cnki. 1001-3563. 2023. 16. 007.
[63] 郭佳佳 . 人工智能道德责任归属问题新解 [J]. 江汉大学学报（社会科学版），2020，37（06）: 50-58+125-126. DOI：10. 16387/j. cnki. 42-1867/c. 2020. 06. 005.
[64] 赵益 . 算法生成与权力博弈——海外 AIGC 研究视野观察 [J]. 当代电影，2023，( 08 ): 22-30.
[65] 胡一民 . 人工智能创作物的著作权问题探析 [J]. 黑龙江省政法管理干部学院学报，2018( 2 ): 59-62.
[66] 易继明 . 人工智能创作物是作品吗 ?[J]. 法律科学（西北政法大学学报），2017，731（5）.
[67] 阮澜 . 人工智能创作物的版权思考 [J]. 法制博览，2019，17.
[68] 熊琦 . 人工智能生成内容的著作权认定 [J]. 知识产权，2017，3（8）.
[69] 胡康生 . 中华人民共和国著作权法释义 [M]，法律出版社 2001 年版，第 14 页。
[70] 刘春田 . 著作权保护的原则 [M]，中国国际广播出版社 1991 年版，第 104 页。
[71] 李容佳 . 论人工智能在刑事司法决策中的应用 [J]. Cyber Security & Data Governance，2023，42（8）.
[72] 陈军，赵建军，鲁梦河 . AI 与电影智能制作研究与展望 [J]. 现代电影技术，2023，( 10 ): 16-26.
[73] 钱佳，康宁 . AIGC 视域下艺术与传媒专业融合创新与重构研究 [J]. 传播与版权，2023，( 14 ): 114-116+120. DOI：10. 16852/j. cnki. 45-1390/g2. 2023. 14. 032.
[74] 高锐 . 从动画影片《犬与少年》到元宇宙：AIGC 的潜力、应用及挑战 [J]. 现代电影技术，2023，( 05 ): 24-28+17.
[75] 陈永伟 . 超越 ChatGPT：生成式 AI 的机遇，风险与挑战 [J]. 山东大学学报（哲学社会科学版），2023，3：127-143.

[76] 田永林，陈苑文，杨静等．元宇宙与平行系统：发展现状，对比及展望 [J]. Chinese Journal of Intelligent Science & Technology，2023，5（1）.

[77] 赵宇 . 人工智能生成内容（AIGC）在虚拟现实交互影像中的应用与探索 [J]. 现代电影技术，2023，（08）: 59-64.

[78] 杜雨，张孜铭：AIGC：智能创作时代 [M]. ，北京：中译出版社，2023.

[79] 徐国庆，蔡金芳，姜蓓佳，等 . ChatGPT/ 生成式人工智能与未来职业教育 [J]. 华东师范大学学报（教育科学版），2023，41（7）：64.